U0234889

北京理工大学“双一流”建设精品出版工程

Intelligent Computing and Information Processing

智能计算与信息处理

邓 方 陈文颉 ◎ 编著

北京理工大学出版社
BEIJING INSTITUTE OF TECHNOLOGY PRESS

内容简介

本书立足于实际工程应用需求，较为全面、系统地介绍了智能计算与信息处理的基本概念、发展现状、主要方法和基本应用。全书共分 6 章，以作者多年来在智能计算与信息处理领域的教学工作、科研成果为基础，全面讨论了知识与信息的表示、人工神经网络、不确定信息处理、群智能算法、云计算和大数据等内容。

本书可作为高等院校相关专业的教学用书和学习参考读物，也可供相关领域的科研工作者和工程技术人员参考使用。

版权专有　侵权必究

图书在版编目（CIP）数据

智能计算与信息处理 / 邓方，陈文颉编著. —北京：北京理工大学出版社，2020.6 (2022.2 重印)
ISBN 978-7-5682-6955-1

Ⅰ. ①智…　Ⅱ. ①邓…　②陈…　Ⅲ. ①智能计算机–信息处理–高等学校–教材
Ⅳ. ①TP387

中国版本图书馆 CIP 数据核字（2019）第 075110 号

出版发行 / 北京理工大学出版社有限责任公司
社　　址 / 北京市海淀区中关村南大街 5 号
邮　　编 / 100081
电　　话 /（010）68914775（总编室）
（010）82562903（教材售后服务热线）
（010）68944723（其他图书服务热线）
网　　址 / http://www.bitpress.com.cn
经　　销 / 全国各地新华书店
印　　刷 / 北京虎彩文化传播有限公司
开　　本 / 787 毫米×1092 毫米　1/16
印　　张 / 10
字　　数 / 229 千字
版　　次 / 2020 年 6 月第 1 版　2022 年 2 月第 2 次印刷
定　　价 / 46.00 元

责任编辑 / 王玲玲
文案编辑 / 王玲玲
责任校对 / 周瑞红
责任印制 / 李志强

图书出现印装质量问题，请拨打售后服务热线，本社负责调换

前言

PREFACE

信息科学目前正处在人工智能发展的第三次高潮期，已经全面进入了信息时代。信息爆炸已经成为信息时代的显著特征之一。为了应付这种局面，信息的智能计算与处理应运而生。简单来说，智能计算与信息处理就是用计算机实现模拟人的行为来完成信息的处理过程。它与人类进行信息处理相比，速度更快，持续处理能力更强，更具逻辑性和严谨性，同时，与人类智能的差距正在不断缩小。

本书的编著目的是为硕士、博士研究生和高年级的本科生提供一本可以指导智能计算与信息处理的工具书。它涵括了一大批智能计算与信息处理工具的基础知识，其中包括神经网络、支持向量机、不确定信息处理、群智能算法、云计算、大数据和深度学习等。这些计算工具近年来开始广为流行，非常适合相关领域研究人员学习和使用。本书采用案例式的编写模式，结合作者科研工作实际，对大量实际项目中的智能计算与信息处理案例进行了介绍。本书附录中包括了近年来的项目成果和重要章节的典型程序的源代码。

全书共分 6 章，第 1 章是概述，第 2 章阐述了知识与信息的表示，包括知识的获取、表示和运用，文本、图像和声音的信息表示；第 3 章介绍了人工神经网络信息处理，包括感知机模型、BP 神经网络模型、受限玻耳兹曼机、循环神经网络、生成对抗网络及创建的开源项目；第 4 章介绍了不确定信息处理，包括模糊信息处理、可拓信息处理和粗糙集信息处理，以及这些方法在工程上的应用；第 5 章介绍了群智能算法，包括蚁群算法、粒子群优化算法和差分进化算法及其改进算法，以及典型实例仿真验证；第 6 章介绍了云计算和大数据，包括云计算的来源、概念，云计算的类型划分，云计算在企业 IT 环境中的优势，云计算与网络的联系，Docker、MapReduce 和 Storm 的大数据处理技术等。

本书是作者及其研究小组多年来从事智能计算与信息处理的研究成果的结晶，作者十分感谢研究组的李佳洪、崔静、关胜盘、周睿、徐建萍、王翔、马丽秋、张乐乐、岳祥虎、赵佳晨、高欣、高峰、叶子蔓、米承玮、丁宁、刘道明等同学，本书在编著工作中的一些资料的收集与代码的整理、调试与实现是在他们的参与和协助下完成的。

由于作者水平的限制，书中难免存在一些问题和不足，欢迎广大读者批评指正。

作　者

2019年1月于北京理工大学

目录
CONTENTS

第 1 章 智能计算与信息处理概述

1.1 智能计算与信息处理

智能计算与信息处理是模拟人或者自然界其他生物处理信息的行为，建立处理复杂系统信息的理论、算法和系统性的方法技术，是用计算机实现模拟人的行为来完成智能信息的处理过程。它与人工进行信息处理相比，不怕苦、不怕累、速度快，并且会越来越智能。

智能计算与信息处理主要包括信息处理与智能化两部分。信息处理是对信息进行转换、传输、存储、分析等的科学。广义的概念包括人的信息处理，在这里主要是指计算机信息处理。其中，信息与数据的区别在于，数据是指未经加工的，未经分析的事实，而信息是经过分析和处理的数据。智能计算与信息处理的具体过程如图 1.1 所示。

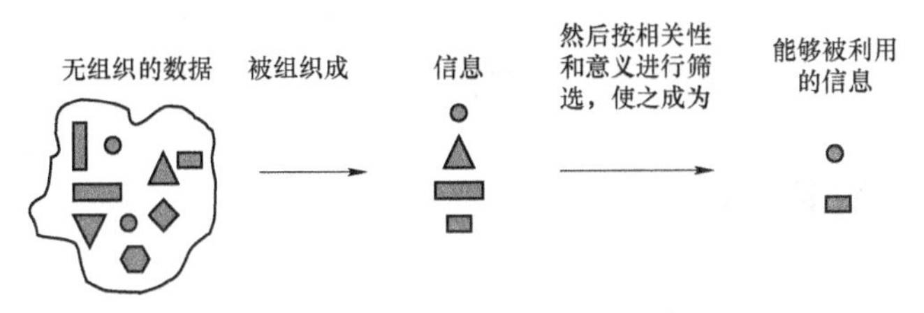

图 1.1 智能计算与信息处理示意图

智能化是现代科学技术发展的重要趋势。什么是智能？古人认为是智谋与才能。在历代著作中，多次出现“智能”一词。《管子·君臣上》写道：“是故有道之君，正其德以莅民，而不言智能聪明。”《汉书·高帝纪下》写道：“今天下贤者智能岂特古之人乎？”宋代司马光《人墓志铭》写道：“呜呼！妇人柔顺足以睦其族，智能足以齐其家，斯已贤矣。”另一种解释为智能是知识与智力的总和。其中知识是一切智能行为的基础，而智力是获取知识并运用知识求解问题的能力，是头脑中思维活动的具体体现。《新华词典》中提供给大众的解释是智慧和能力。可见，书中对智能并没有一个固定的定义。

英国的阿兰·图林（Alan Turing）分别于 1947 年和 1950 年发表了《智能机器》《计算机与智能》两文，提出了检验智能的一个标准：将问答双方互相隔开，问的一方为人，答的一方可以完全是计算机程序，也可以是人；如果提出的问题实际是由计算机程序来回答的，而在一定的范围内提问者又不能区分回答者是人还是机器，则可称这一机器是具有智能的[1]。

智能信息处理的核心是智能。智能可分为三个层面：第一层是生物智能，由人脑的物理化学过程体现出来，其物质基础是有机物；第二层是人工智能，是非生物人为实现的，通常采用符号表示，人工智能的基础是人类的知识和得到的数据；第三层是智能计算，是由计算机软件和现代数学计算方法实现的，其基础是数值方法得到的数据。智能计算与信息处理是这三个层面的融合。

生活中智能信息处理的例子有很多，如自动跟踪监测系统智能仪器、仪表自动控制与导航系统、自动诊断系统、机器人、网络机器人（飞信、10086、清华图书馆的小图）等。

1.2 产生和发展

智能信息处理起源于 20 世纪 30—40 年代，数字计算机应用后，以人工智能符号运算推理为基础的智能信息处理出现，在智能仪器、自动跟踪、自动控制与导航、自动诊断等领域得到了一定的应用。

传统意义上的智能信息处理是模仿与人的思维有关的功能，通过逻辑符号处理系统的推理规则来实现自动诊断、问题求解及专家系统智能。其是对人类逻辑思维方式的模仿，并采用串行的工作程序按照一定的规则逐步进行计算、处理和控制等操作。

后来随着信息技术的发展，传统的基于人工智能的信息处理系统已经不能适应信息量迅速增大的需求，在实时性、可靠性和智能性方面不能满足要求。于是产生了计算智能的智能信息处理方法，如人工神经网络、进化计算、模糊逻辑等计算智能方法，还有小波分析、数据融合、粗集、可拓信息处理等信息处理方法。

现在大数据时代已经到来，以后将向更加智能化的方向发展，并且结合人与机器的特点，发展速度会更快，同时，会不断发展出新的智能信息处理方法。

1.3 主要研究内容

1.3.1 人工神经网络信息处理

许多现代科学理论的创导者对脑的功能和神经网络都有着强烈的兴趣，并从中得到了不少启示，创导或发展了许多新理论。冯 • 诺依曼曾谈到计算机与大脑在结构和功能上的异同，对它们从元件特性到系统结构进行了详尽比较。McCulloch 和 Pitts 提出的形式神经元模型导致了有限自动机理论的发展，其是最终促成第一台冯 • 诺依曼电子计算机诞生的重要因素之一。

人工神经网络是模仿和延伸人脑认识功能的一种现代智能信息处理方法。它是一种大规模并行的自学习、自组织和自适应的非线性动力学系统。通过构造具有类似人脑智能的智能信息处理系统，可以解决传统方法所不能或不易解决的信息处理问题，可以实现不完整、不准确信息的处理[2]。

神经网络信息处理具有以下特点：分布式存储；以大规模模拟并行处理为主；具有较强的鲁棒性和容错性；具有较强的自学习能力；是一个大规模自适应非线性动力学系统；具有集体运算的能力。

神经网络的主要应用有：

① 预测，如股票预测、价格预测、企业破产预测、天气预报等；

② 分类与鉴定，如产品分级、废品鉴定、细菌鉴定等；

③ 优化，如生物实验结果优化、运动员训练优化等；

④ 识别辨识，如文字识别、语音识别、系统辨识、辅助翻译等；

⑤ 分析方面，如疾病诊断、故障诊断与分析、石油探测、经济市场分析等。

人工神经网络，该类算法的发展经历了 3 次高潮和 2 次衰落。第一次高潮是 20 世纪 60 年代广为人知的控制论。当时的控制论是受神经科学启发的一类简单的线性模型。然而该线性模型使其应用领域极为受限，最为著名的是它不能处理异或问题。人工智能之父 Marvin Minsky 曾撰文批判神经网络存在的两点关键问题：首先，单层神经网络无法处理“异或”问题；其次，当时的计算机缺乏足够的计算能力，无法满足大型神经网络长时间的运行需求。对神经网络的批判使对其的研究在 60 年代末进入“寒冬”，人工智能产生了很多不同的研究方向，可唯独神经网络好像逐渐被人淡忘。

直到 80 年代，David Rumelbar 和 Geoffery E. Hinton 等提出了反向传播（Back Propagation）算法，解决了两层神经网络所需要的复杂计算量问题，同时克服了神经网络无法解决异或的问题。自此，神经网络“重获生机”，迎来了第二次高潮，即 20 世纪 80—90 年代的连接主义。不过，好景不长，受限于当时数据获取的“瓶颈”，神经网络只能在中小规模数据上训练，因此，过拟合极大地困扰着神经网络型算法。同时，神经网络算法的不可解释性令它俨然成为一个“黑盒”，设计模型依赖经验和运气。有人无奈地讽刺说，它根本不是“科学”，而是一种“艺术”。另外，由于当时硬件性能不足而带来的巨大计算代价使人们对神经网络望而却步；相反，如支持向量机等数学优美且可解释性强的机器学习算法逐渐变成历史舞台上的“主角”。短短 10 年，神经网络再次跌入“谷底”。

尽管当时许多人抛弃神经网络转行做了其他方向，但如 Geoffery E. Hinton、Yoshua Bengio 和 Yann LeCun 等仍“笔耕不辍”，在神经网络领域默默耕耘。之后的近 30 年，随着软件算法和硬件性能的不断优化，直到 2006 年，Geoffery E. Hinton 等在 Science 上发表文章提出：一种称为“深度置信网络”（Deep Belief Network）的神经网络模型可通过逐层预训练的方式有效完成模型训练过程。很快，更多的实验结果证实了这一发现。更重要的是，除了证明神经网络训练的可行性外，实验结果还表明神经网络模型的预测能力相比其他传统机器学习算法更高，可谓鹤立鸡群。Hinton 发表在 Science 上的这篇文章无疑为神经网络类算法带来了一片曙光。接着，被冠以“深度学习”名称的神经网络终于可以大展拳脚，首先于 2011 年在语音识别领域大放异彩，其后便是在 2012 年计算机视觉“圣杯”ImageNet 竞赛上强势夺冠。这就是第三次高潮，也就是大家都比较熟悉的深度学习（Deep Learning）时代[3]。其实，深度学习中的“deep”一部分是为了强调目前人们已经可以训练和掌握相比之前神经网络层数多得多的网络模型。正因为有效数据的急剧扩增、高性能计算硬件的实现及训练方法的大幅完善，三者作用最终促成了神经网络的第三次“复兴”。

1.3.2 模糊信息处理

模糊性的概念在日常生活中早已运用自如，但在科学分析中，该理论却还未完善。下面的例子可以说明模糊和精确的区别：“他是学生吗？”答案是确定的，要么是，要么不是；“他是成年人吗？”答案不定，也许是，也许不是，也许介于两者之间。

模糊信息处理模仿人脑的不确定性概念判断、推理思维方式，应用模糊集合和模糊规则进行推理，实行模糊综合判断，推理解决常规方法难以解决的规则型模糊信息问题。

Zadeh 教授提出的模糊理论就是能够处理信息不确定性的智能信息处理方法。模糊理论借助于隶属度函数的概念，区分模糊集合，处理模糊关系，模拟人脑实施规则型推理[4]。

虽然模糊理论仍有许多不完善的地方，如模糊规则的获取和确定、隶属度函数的选择及稳定性的问题，但并没有与数学的精确性和有效的数学模型相悖而行。

模糊信息处理的应用非常广泛。模糊信息处理理论是一个非常基础的理论，其既能应用于图像和语音的智能处理、家电等机电设备的智能控制及机器学习等人工智能前沿应用领域的研究，也能应用于概率论等基础理论的研究。

1.3.3 可拓信息处理

可拓学选题于 1976 年。1983 年，蔡文在《科学探索学报》发表了可拓学的开创性文章《可拓集合和不相容问题》，标志着这门新学科的诞生。其是用形式化语言描述物、事与关系，研究化解矛盾问题的形式化方法，把哲学上用自然语言表示的规律与逻辑，转化为用计算机可操作、可处理的方法体系[5]。

现实世界存在很多矛盾问题，如用一台最多称 200 kg 的秤，称数吨重的大象；公安部门凭借少量的信息，却要侦破复杂的案件；发明者根据少量的功能要求，却要构思复杂的新产品；靠左行驶的公路系统和靠右行驶的公路系统要连接成一个大系统等。

这些问题在人们的生活和工作中无处不在。人类社会就是在处理各种各样的矛盾问题中发展起来的。那么，解决它们有无规律可循？有无方法可依？可拓论的研究对象就是客观世界中这类矛盾问题，包括主观与客观矛盾问题、主观与主观矛盾问题、客观与客观矛盾问题。

对于矛盾问题，仅靠数量关系的处理是无法解决的，曹冲称象的关键在于把大象换成石头这一事物的变换。把高于门的柜子搬进房间，采取了把柜子“放倒”的方法，这里的关键是把柜子与门高度的矛盾转化为柜子的长度与门高度的相容关系。由此可见，不能仅停留在对数量关系的研究上，而必须研究事物、特征和量值，必须研究这三者的关系及其变化，才能得到解决矛盾问题的方案。

为此，可拓论建立了物元的概念，把事物、特征和量值综合考虑，作为可拓论的逻辑细胞。可拓性是可拓论的重要概念，是解决矛盾问题的依据。为了解决矛盾问题，必须对事物进行拓展，事物拓展的可能性称为事物的可拓性，实现了的拓展称为开拓。事物的可拓性用物元的可拓性来描述；为了解决矛盾问题，必须研究事物从不具有某种性质向具有某种性质的转化，可拓理论建立了可拓集合的概念，以便定量地描述这种转化，其可拓域就是不具有某种性质的事物，在一定变换下能转化为具有该性质的事物的全体[5]。

可拓工程研究的基本思想是利用物元理论、事元理论和可拓集合理论，结合各应用领域的理论和方法去处理该领域中的矛盾问题，化不可行为可行，化不可知为可知，化不属于为属于，化对立为共存[5]。

在政治、经济和军事等领域中，会碰到各种各样的对立问题和对立系统，“各行其道，各得其所”的转换桥方法是处理对立问题的巧妙方法，例如，“香港的汽车靠左行驶，内地的汽车靠右行驶，如果简单地把这两个对立运行规则的交通系统连接成一个系统，必然撞车。因此，在深圳的皇岗建了这样一座桥：香港靠左行驶的汽车经过它，自动变成靠右行驶进入大陆；大陆靠右行驶的汽车驶过它，自动变成靠左行驶进入香港。”可拓学用这座桥来描述解决对立问题的关键部分，并称之为转换桥。转换桥方法在解决问题的过程中，具有十分特殊的作用，要实现对立的目标或使对立的系统转换为相容的系统，必须设置转换桥，利用转换桥这一工具可以解决很多对立的问题[5]。

1.3.4　粗糙集信息处理

在很多实际系统中，均不同程度地存在着不确定性因素，采集到的数据常常包含着噪声，不精确甚至不完整。粗糙集理论是继概率论、模糊集、证据理论之后的又一个处理不确定性的数学工具。作为一种较新的软计算方法，近年来粗糙集越来越受到重视，其有效性已在许多科学与工程领域的成功应用中得到证实，是当前国际上人工智能理论及其应用领域中的研究热点之一[6]。

在自然科学、社会科学和工程技术的很多领域中，都不同程度地涉及对不确定因素和对不完备（imperfect）信息的处理。采用纯数学上的假设来消除或回避这种不确定性，效果往往不理想；反之，如果正视它，对这些信息进行合适处理，常常有助于相关实际系统问题的解决。

多年来，研究人员一直在努力寻找科学地处理不完整性和不确定性的有效途径。模糊集和基于概率方法的证据理论是处理不确定信息的两种方法，已应用于一些实际领域。但这些方法有时需要一些数据的附加信息或先验知识，如模糊隶属函数、基本概率指派函数和有关统计概率分布等，而这些信息有时并不容易得到。

1982 年，波兰学者 Z. Pawlak 提出了粗糙集（Rough Sets，RS）理论。粗糙集是一种刻画不完整性和不确定性的数学工具，能有效地分析不精确、不一致（inconsistent）、不完整（incomplete）等各种不完备的信息，还可以对数据进行分析和推理，从中发现隐含的知识，揭示潜在的规律。粗糙集理论是建立在分类机制的基础上的，它将分类理解为在特定空间上的等价关系，而等价关系构成了对该空间的划分。粗糙集理论将知识理解为对数据的划分，每一个被划分的集合称为概念[7]。

粗糙集理论的主要思想是利用已知的知识库，将不精确或不确定的知识用已知的知识库中的知识来（近似）刻画。该理论与其他处理不确定和不精确问题理论的最显著区别是它无须提供问题所需处理的数据集合之外的任何先验信息，所以对问题的不确定性描述或处理可以说是比较客观的。由于这个理论未能包含处理不精确或不确定原始数据的机制，所以这个理论与概率论、模糊数学和证据理论等其他处理不确定或不精确问题的理论有很强的互补性[3]。

智能信息处理主要用于解决因信息量不全而导致的系统病态问题、用数学模型难以描述的非线性和不确定性问题，以及计算复杂性和实时性问题。粗糙集理论模仿人的认知特性，将信息处理转变成一种逐层次逼近的知识获取行为，以其数据处理的有效性和实用性，而成为智能信息处理技术的新理论和新方法，并在众多领域取得了成功的应用。如美国堪萨斯大学 J. W. Grzumala–Busse 等在 20 世纪 80 年代末开发的 LERS 系统、日本东京医学与牙科大学设计的能从临床数据库中自动提取医疗专家系统规则的 PRIMEROSE–REX 系统、波兰波兹南工业大学开发的 RoughDAS 和 RoughClass 系统。

1.3.5 群智能信息处理

“进化计算（Evolutionary Computation，EC）”这一术语是在20世纪90年代初被提出的。它是模拟生物进化过程中“优胜劣汰”的自然选择机制和遗传信息传递规律的算法总称，主要用来解决实际中的复杂优化问题。

目前，进化计算主要由遗传算法（Genetic Algorithms，GA）、遗传编程（Genetic Programming，GP）、进化策略（Evolution Strategies，ES）和进化编程（Evolutionary Programming，EP）等分支组成，其他的算法，诸如DNA计算和分子计算（Molecular Computing），也开始应用在实际问题中，但还没有形成一个体系，比较零散。进化计算学科的出现，促进了它的不同分支之间的交流，可以取长补短[8]。上述四个主要分支是由不同的学者独立提出的，在1992年之前，基本上是独立发展，没有交流。各个分支都有自己的优缺点，研究它们的优越性，并融合成新的进化算法，可以促进进化计算更广泛的应用。

目前，进化计算已经在人工智能、知识发现、模式识别、图像处理、决策分析、产品工艺设计、生产调度、股市分析等仍然不断增加的领域中发挥出了显著的作用。

1. 遗传算法

进化的历史告诉我们，生物的进化是一个漫长而复杂的过程，在这个过程中，生物从低级、简单的状态向高级、复杂的状态演变。现在，人们已经认识到进化不仅是生命科学的范畴，还是一个优化的过程，可以在计算机上模拟，并应用到工程领域中。

早在20世纪60年代初，美国密歇根大学的J. H. Holland教授就意识到了生物进化过程中蕴含着的朴素的优化思想，他借鉴了达尔文的生物进化论和孟德尔的遗传定律的基本思想，并将其进行提取、简化与抽象，提出了第一个进化计算算法——遗传算法。1975年出版了他的专著*Adaptation in Natural and Artificial Systems*，标志着遗传算法的正式诞生。在这本专著中，他称其为“Genetic Plans”，详细阐述了遗传算法的基本思想和结构框架。

“Genetic Algorithms”一词首先出现在J. D. Bagley的博士论文中，他研究了遗传算法在博弈论（六子棋）中的参数搜索，这是遗传算法最早的应用。

2. 免疫算法

生物免疫系统（Biology Immune System，BIS）是一个分布式、自组织和具有动态平衡能力的自适应复杂系统。它对外界入侵的抗原（Antigen，Ag），可由分布全身的不同种类的淋巴细胞产生相应的抗体（Antibody，Ab），其目标是尽可能保证整个生物系统的基本生理功能得到正常运转。

人工免疫系统（Artificial Immune System，AIS）就是研究、借鉴、利用生物免疫系统的原理、机制而发展起来的各种信息处理技术、计算技术及其在工程和科学中的应用而产生的多种智能系统的统称。从生物信息处理的角度看，它可归为信息科学范畴，与人工神经网络、进化计算等智能理论和方法并列。

免疫算法是基于免疫系统的学习算法，是人工免疫系统研究的主要内容之一。它具有良好的系统应答性和自主性，对干扰具有较强的维持系统自平衡的能力。此外，免疫算法还模拟了免疫系统独有的学习、记忆、识别等功能，具有较强模式分类能力，尤其对多模态问题的分析、处理和求解，表现出较高的智能性和鲁棒性。

遗传算法是一种“生成+检测”的迭代过程搜索算法，有进化的可能，也有退化的可能，在某些时候，这种退化是明显甚至有害的。同时，在用遗传算法求解问题时，可变的灵活程度较小，在求解问题时的启发作用较小。

人们将免疫概念及其理论应用于遗传算法，在保留原算法优良特性的前提下，有选择、有目的地利用待求问题中的一些特征信息或知识来抑制其优化过程中出现的退化现象。

3. 蚁群算法

蚁群算法（Ant Colony Optimization，ACO）由 Colorni、Dorigo 和 Maniezzo 在 1991 年提出，它是通过模拟自然界蚂蚁社会的寻找食物的方式而得出的一种仿生优化算法。自然界中，蚁群寻找食物时，会派出一些蚂蚁分别在四周游荡，如果一只蚂蚁找到食物，它就返回巢中通知同伴并沿途留下“信息素”（pheromone）作为蚁群前往食物所在地的标记。信息素会逐渐挥发，如果两只蚂蚁同时找到同一食物，又采取不同路线回到巢中，那么比较绕弯的一条路上信息素的气味会比较淡，蚁群将倾向于沿另一条更近的路线前往食物所在地。

ACO 算法设计虚拟的“蚂蚁”，让它们摸索不同路线，并留下会随时间逐渐消失的虚拟“信息素”。根据“信息素较浓的路线更近”的原则，即可选择出最佳路线。

目前，ACO 算法已被广泛应用于组合优化问题中，在图着色问题、车间流问题、车辆调度问题、机器人路径规划问题、路由算法设计等领域均取得了良好的效果；也有研究者尝试将 ACO 算法应用于连续问题的优化中。由于 ACO 算法具有广泛实用价值，成为群智能领域第一个取得成功的实例，曾一度成为群智能的代名词，相应理论研究及改进算法近年来层出不穷。

4. 粒子群算法

1995 年，Eberhart 博士和 Kennedy 博士提出了一种新的算法——粒子群优化（Particle Swarm Optimization，PSO）算法。这种算法以其实现容易、精度高、收敛快等优点引起了学术界的重视，并且在解决实际问题中展示了其优越性。

粒子群优化（Particle Swarm Optimization，PSO）算法是近年来发展起来的一种新的进化算法（Evolutionary Algorithm，EA）。PSO 算法属于进化算法的一种。和遗传算法相似，它也是从随机解出发，通过迭代寻找最优解。它也是通过适应度来评价解的品质。但是它比遗传算法规则更为简单，它没有遗传算法的“交叉”（Crossover）和“变异”（Mutation）操作。它通过追随当前搜索到的最优值来寻找全局最优。

源于对鸟群捕食的行为研究。PSO 模拟鸟群的捕食行为。设想这样一个场景：一群鸟在随机搜索食物。在这个区域里只有一块食物。所有的鸟都不知道食物在哪里。但是它们知道当前的位置离食物还有多远。那么找到食物的最优策略是什么呢？最简单有效的方法就是搜寻目前离食物最近的鸟的周围区域。

PSO 从这种模型中得到启示并用于解决优化问题。PSO 中，每个优化问题的解都是搜索空间中的一只鸟。我们称之为“粒子”。所有的粒子都有一个由被优化的函数决定的适应值（fitness value），每个粒子还有一个速度决定它们飞翔的方向和距离，然后粒子们就追随当前的最优粒子在解空间中进行搜索。

1.3.6　云信息处理

云计算（Cloud Computing）是分布式计算技术的一种，其最基本的概念，是通过网络将庞大的计算处理程序自动分拆成无数个较小的子程序，再交由多部服务器所组成的庞大系统，经搜寻、计算分析之后，将处理结果回传给用户。通过这项技术，网络服务提供者可以在数秒之内，处理数以千万计甚至亿计的信息，实现和“超级计算机”同样强大效能的网络服务[9]。

最简单的云计算技术在网络服务中已经随处可见，例如搜寻引擎、网络信箱等，使用者只要输入简单指令即能得到大量信息。未来，如手机、GPS 等行动装置都可以通过云计算技术发展出更多的应用服务。未来，进一步的云计算不仅只做资料搜寻、分析工作，如分析 DNA 结构、基因图谱定序、解析癌症细胞等，都可以通过这项技术轻易达成。稍早之前的大规模分布式计算技术即为“云计算”的概念起源，可以抛弃 U 盘等移动设备，只需要进入 Google Docs 页面，新建文档，编辑内容，然后直接将文档的 URL 分享给你的朋友或者上司，他可以直接打开浏览器访问 URL，再也不用担心因 PC 硬盘的损坏而发生资料丢失事件。

参考文献

[1] Turing A M. Computing Machinery and Intelligence[J]. Computation & Intelligence, 1995 (Mind 49): 433−460.

[2] Haykin S O. Neural Networks and Learning Machines[M]. London: Pearson Higher Ed，2011.

[3] Heaton Jeff, Ian Goodfellow, Yoshua Bengio, Aaron Courville. Deep learning[J]. Genetic Programming and Evolvable Machines, 2017:s10710-017-9314-z.

[4] Zadeh L A. A Fuzzy-Algorithmic Approach to the Definition of Complex or Imprecise Concepts[J]. Systems Theory in the Social Sciences, 1976: 202-282.

[5] 蔡文. 可拓论及其应用[J]. 科学通报，1999，44（7）：673-682.

[6] 贾晶. 信息系统的安全与保密[M]. 北京：清华大学出版社，1999.

[7] Pawlak Zdzisław. Rough sets[J]. International Journal of Computer & Information Sciences, 1982, 11(5): 341-356.

[8] Pal S K, Bandyopadhyay S, Ray S S. Evolutionary computation in bioinformatics: a review[J]. IEEE Transactions on Systems Man & Cybernetics Part C, 2006, 36(5): 601-615.

[9] Armbrust M, Fox A, Griffith R, et al. A view of cloud computing[J]. International Journal of Computers & Technology, 2013, 4(2b1): 50-58.

第 2 章
知识与信息的表示

智能计算与信息处理就是让机器模拟人或者自然界其他生物处理信息的行为。特别要研究用机器来模仿和执行人类的一些智力功能，而人类的智力功能又以知识为基础，所以，如何从现实世界中获取知识？——知识的获取；如何将已获取的知识以适当的形式在机器中存储？——知识的表示；如何利用这些知识进行推理，以解决实际问题？——知识的运用。这些构成研究的 3 个基础内容。本章将对知识及一些常用的知识表示方法进行介绍。

2.1 基本概念

2.1.1 知识、信息和数据

知识就是人们对客观事物（包括自然的和人造的）及其规律的认识，还包括人们利用客观规律解决实际问题的方法和策略等。对客观事物及其规律的认识，包括对事物的本质、现象、关系、状态、联系、属性和运动等的认识，即对客观事物原理的认识。利用客观规律解决实际问题的方法和策略，包括诸如战略、战术、策略、计谋等宏观性方法，也包括解决问题的步骤、规则、操作、过程、技巧、技术等具体的微观性方法；或者说，把有关信息关联在一起所形成的信息结构称为知识。应用最多的关联形式是“if–then”的形式，它反映了信息间的某种因果关系。例如，if 计算机能听懂人类语言，then 可直接与计算机对话；if 大雁朝南飞，then 冬天就要来临了。

知识本身有多种含义，它和数据、信息、事实等有着很紧密的联系，有时甚至可以互相替换。在很多情况下，知识可以用数据进行表示，也可以指导数据转化为信息。知识具有一种金字塔式的层次结构，如图 2.1 所示[1]。噪声处在知识金字塔的最底层，通过知识可以从底层的噪声中提取有用的数据，可以把数据转化为信息，也可以把信息转化为所需要的知识。

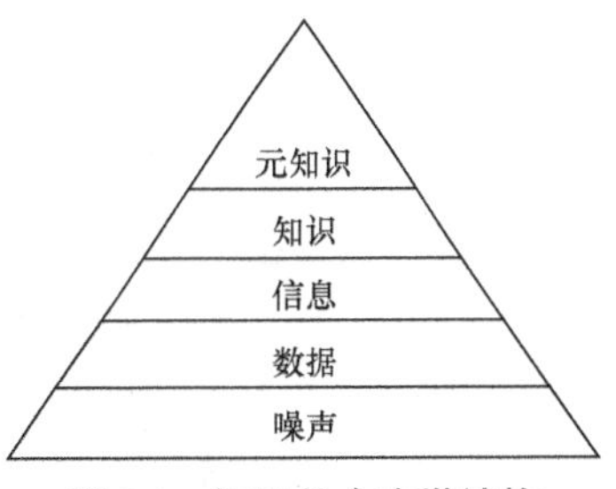

图 2.1　知识的金字塔结构

知识的模式可以表示为 $K = F + R + C$。其中，K 表示知识项（Knowledge Items）；F 表示事实（Facts），是人类对客观事物、客观世界的状态、特征、属性的描述，以及对事物之间关系的描述；R 表示规则（Rules），是能表达在前提与结论之间的因果关系的一种形式；C 表示概念（Concepts），是事实的含义、规则、语义说明等。

数据泛指对客观事物的属性、位置、数量及相互关系的一种抽象表示。它可以是一个数，如整数、小数、正数或者负数，也可以是由一组符号组成的字符串，如一个人姓名、职业、地址、性别等，还可以是一个消息（如北京，中国），等等。

信息与数据是两个紧密相关的概念。数据是信息的载体和表示，信息是数据在特定场合下的具体含义，或者说信息是数据的语义，是加载于数据之上的，只有把两者密切结合起来，才能实现对某一特定事物做出具体的描述；数据与信息又是两个不同的概念，即同一个信息在不同的场合也可以用不同的数据表示，或者同一个数据在不同的场合可能代表不同的信息。

简而言之，数据是信息的载体，本身无确切含义。信息是数据的关联，赋予数据特定的含义，仅可以理解为描述性知识。知识可以是对信息的关联，也可以是对已有知识的再认识。

2.1.2 知识的特点

知识的特点包括相对正确性、不确定性、可表示性、可利用性[2]。

相对正确性：知识的正确性相对的，是和一定条件及环境联系在一起的，没有绝对正确的知识，一切依条件和环境的不同而有所变化。

例如，把水加热到 100 ℃，则水就会沸腾，这在正常条件下是一个正确的知识；但如果在高山上，则加热到 85 ℃，水就会沸腾，这在高山上也是一个正确的知识。

如果起火了，千万别用水浇；如果起火了，赶紧用水浇。这两个知识都是正确的。不过前者用于油料起火的情况，后者用于森林起火的情况。

以上这些例子都说明知识的正确性是具有相对性的。

不确定性：知识的不确定性和信息获得的条件有关，如在某些情况下获得的信息不精确、不完全，则形成的知识就具有不确定性。例如，根据天气预报，北京市明天降雨的概率为 70%，由于影响降雨的各种信息掌握得不够准确，因此不能百分之百地断定北京明天会降雨。

可表示性：知识是可以表示的，但不一定要通过数据表示，可以用多种方式表示，如图形、公式、文字、语言等。在计算机中应尽量将知识数据化，以便于存储和处理。

可利用性：这正是获取知识的目的，就是要利用学到的知识来改造世界。

2.1.3 知识的表示

这里的知识表示，是指面向计算机的知识描述或表达形式和方法。

我们知道，面向人的知识表示可以是符号、公式、数字、语言、文字、图表、图形、图像等多种形式。这些表示形式是人所能接受、理解和处理的形式。但这些面向人的知识表示形式，目前还不能完全直接用于计算机，因此就需要研究适用于计算机的知识表示模式。具体来讲，就是要用某种约定的（外部）形式结构来描述知识，并且这种形式结构还要能够转换为机器的内部形式，使计算机能方便地存储、处理和利用。例如，通常所说的算法，就是一种知识表示形式，因为它刻画了解决问题的方法和步骤（即它描述的是知识）。

2.2　信息的表示

2.2.1　文本的表示

文本的表示是指将实际的文本内容变成机器内部表示结构，可以用字、词、短语等形成向量或树等结构。文本的表示包括两个问题：表示和计算。表示特指特征的提取，计算是指权重的定义和语义相似度的定义。

文本表示的模型从所使用的数学方法上可以分为三类：基于代数论的模型、基于概率统计的模型和基于集合论的模型[3]。

2.2.2　图像的表示

图像的数字化包括三个步骤：扫描、采样和量化。数字图像可以理解为对二维函数 $f(x,y)$ 进行采样和量化（即离散处理）后得到的图像，因此，通常用二维矩阵来表示一幅数字图像，将一幅图像数字化的过程就是在计算机内生成一个二维矩阵的过程[4]。

给定一幅图像，当量化级数一定时，采样点数对图像质量有着显著的影响。采样点数越少，图像上的块状效应就会越明显；当采样点数逐渐增多时，图像质量就会越好；当图像的采样点数一定时，采用不同量化级数的图像质量也不一样。量化级数越少，图像质量越差；量化级数越多，图像质量越好。量化级数最小的极端情况就是二值图像，图像会出现假轮廓。

2.2.3　声音的表示

声音信号一般以波形来描述。声音波形有几个重要的参数，包括信号幅值、信号频率、信号周期等。

下面以一段坦克的声音信号为例进行说明。坦克的信号波形如图 2.2 所示。这段波形采用 13 位 AD 采样，采样值在 3 000 Hz 左右，没有信号时，采样值会在 4 096 Hz 左右，所以该声音信号幅值会在 4 096 Hz 上下波动。当然，采用不同的采样值，得到的波形是不同的。

接下来就可以用这段波形来表示坦克的声音信号。根据这段波形可以提取出它的“特征”，不同的声音信号会有不同的“特征”，根据这些“特征”就可以实现对声音信号的识别。声音识别方法常见的有基于声道模型和语音知识的方法、模板匹配的方法及利用人工神经网络的方法。无论何种方法，对声音波形的处理和分析都是基础，其中过零间隔点声音识别算法在低采样值和较少的采样点条件下非常适用。

声音信号除了可用于声源识别之外，还广泛应用于声源定位。最常见的基于到达时间差（TDOA）的定位算法通过声音信号到达各个声音传感器的时间不同，进而计算出声源的位置，二维平面下至少需要 3 个传感器、三维空间中至少需要 4 个传感器。基于能量的定位算法与此类似，它是通过计算声音信号的能量，通过多个传感器解算出声源位置。

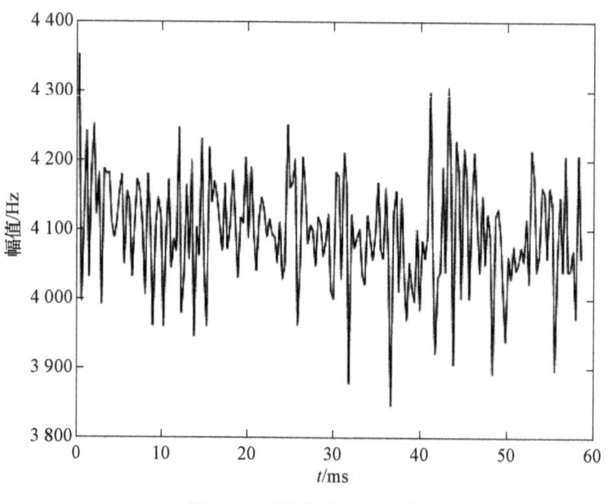

图 2.2 坦克声音波形

2.3 知识的表示方法

知识的表示法又称为知识表示模式或知识表示技术。每一种表示是一种数据结构，用数据结构把知识关联起来。对于任何一个给定问题，一般都有多种等价的表示方法，但它们表示的效果一般来说是不同的。下面列举一些目前经常使用的知识表示方法[5]：

- 一阶谓词逻辑表示法
- 产生式表示法
- 框架表示法
- 语义网络表示法
- 脚本表示法
- 面向对象表示法
- 与/或树表示法
- 状态空间表示法
- 过程表示法

2.3.1 一阶谓词逻辑表示法

论域：由所讨论对象的全体构成的集合，也称为个体域。

个体：论域中的元素。

谓词：在谓词逻辑中，命题是用形如 $P(x_1,x_2,\cdots,x_n)$ 的谓词来表示的。

谓词名：是命题的谓语，表示个体的性质、状态或个体之间的关系。

个体：是命题的主语，表示独立存在的事物或概念。

设 D 是个体域，$P:D_n \to \{T,F\}$ 是一个映射，其中

$$D^n = \{(x_1,x_2,\cdots,x_n) \mid x_1,x_2,\cdots,x_n \in D\}$$

则称 P 是一个 n 元谓词，记为

$$P(x_1, x_2, \cdots, x_n)$$

其中，$x_1, x_2, \cdots, x_n$ 为个体，可以是个体常量、变元和函数。

例如：STUDENT（liming）　　　　李明是一个学生

TEACHER（father（zhang））　　　　张的父亲是一位教师

谓词逻辑适合表示事物的状态、属性、概念等事实性知识，也可以用来表示事物间确定的因果关系，即规则。

用谓词公式表示知识时，需要首先定义谓词，指出每个谓词的确切含义，然后再用连接词把有关的谓词连接起来，形成一个谓词公式来表达一个完整的意义。

一阶谓词逻辑表示法有以下特点：

优点：

① 自然性：谓词是一种接近自然语言的形式语言，易于理解。

② 精确性：谓词逻辑是二值逻辑，谓词公式的真值只有“真”“假”，可以表示精确知识，可以保证推理得到的结论的精确性。

③ 严密性：谓词逻辑具有严格的形式定义及推理规则。

④ 容易实现：较易在计算机内部表示，便于对知识进行增加、删除和修改。自然演绎推理和归结演绎推理易于在计算机上实现。

局限性：

① 不能表示不确定性的知识：不能表示不精确、模糊性的知识，难以表示启发性知识和元知识。

② 组合爆炸：推理过程中，随着事实和推理规则的增加，加上选择推理规则的盲目性，有可能形成组合爆炸。

③ 效率低：推理是基于形式逻辑的，把推理与知识的语义割裂开来，使得推理过程冗长，降低了系统的效率。

例 1：机器人搬运问题。

要求：机器人将盒子从桌子 a 处搬到桌子 b 处，再回到 c 处，如图 2.3 所示。

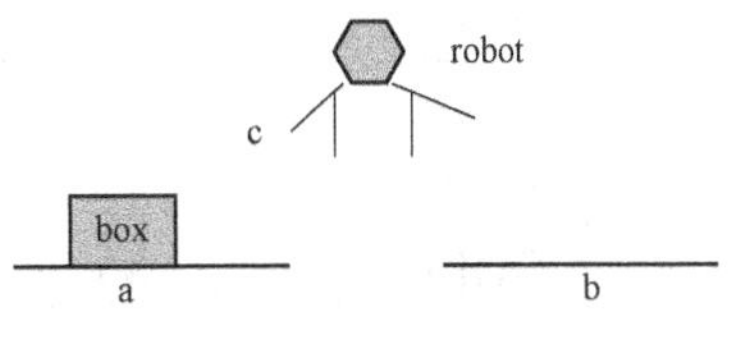

图 2.3　机器人搬运示意图

定义谓词：

TABLE(x)　x 是桌子

EMPTY(y)　y 手中是空的

AT(y,z)　y 在 z 附近

HOLDS(y,w)　y 拿着 w

ON(w,x)　w 在 x 的上面

x 个体域是{a, b}；y 个体域是{robot}；z 个体域是{a, b, c}；w 个体域是{box}

GOTO(x,y)

PICK−UP(x)

SET−DOWN(x)

问题的初始状态：

AT (robot, c)
EMPTY (robot)
ON (box, a)
TABLE (a)
TABLE (b)

问题的目标状态：

AT (robot, c)
EMPTY (robot)
ON (box, b)
TABLE (a)
TABLE (b)

求解过程 1：机器人从 c 去 a。
初始状态

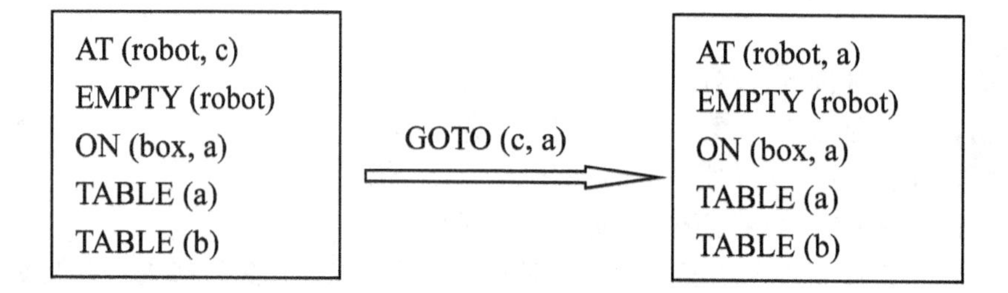

求解过程 2：机器人拿起盒子。

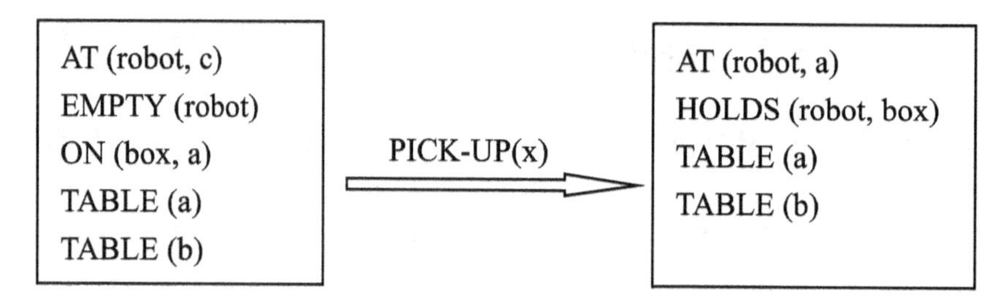

求解过程 3：机器人从 a 到 b。

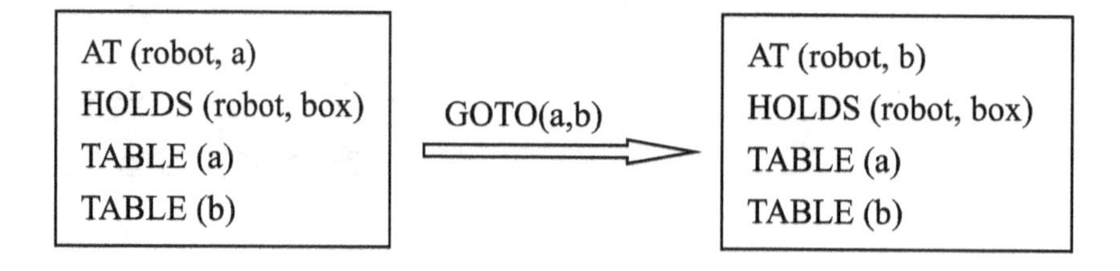

求解过程 4：机器人把盒子放在 b 上。

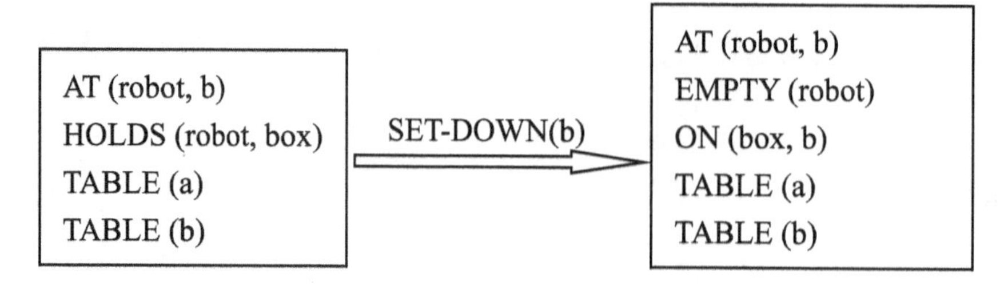

求解过程 5：机器人从 b 到 c。

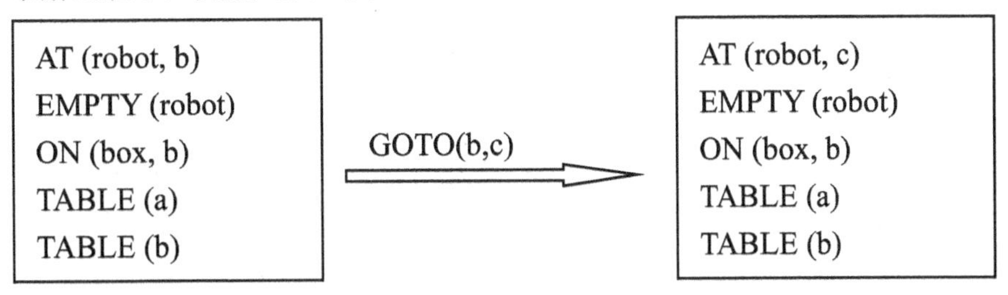

2.3.2　产生式表示法

美国数学家 Post 在 1943 年建立了第一个产生式系统，该系统是作为组合问题的形式化变换理论提出来的，其中产生式是指符号的变换规则：A→aA。产生式是一种知识表达方法，具有和图灵机一样的表达能力，有的心理学家认为人对知识的存储就是产生式形式。

产生式基本形式表示为：

$P \rightarrow Q$

或

if P then Q

产生式与谓词逻辑中蕴含式的区别如下：

① 产生式可以表示精确与不精确知识，蕴含式只能表示精确知识；

② 产生式没有真值，蕴含式有真值。

多数较为简单的专家系统都是以产生式表示知识的，相应的系统称作产生式系统。

产生式系统一般由两部分组成：知识库和推理机。其中，知识库由规则库和数据库组成，规则库是产生式规则的集合，数据库是事实的集合，如图 2.4 所示[6]。

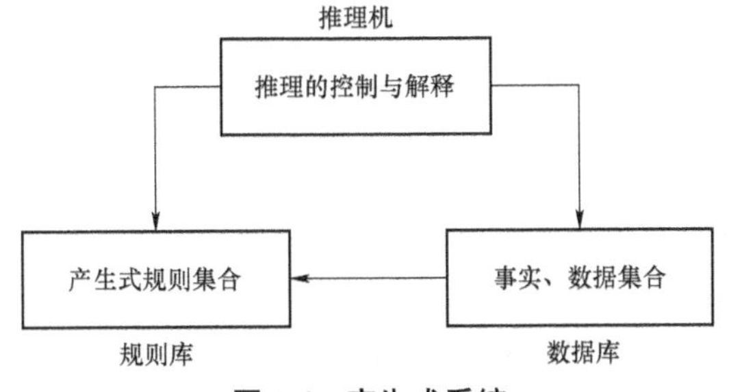

图 2.4　产生式系统

规则库是某领域知识（规则）的存储器，规则是以产生式表示的，规则集蕴含着将问题从初始状态转换为解状态的那些变换规则，规则库是专家系统的核心。规则可表示成与或树形式，基于数据库中事实对着与或树的求值过程就是推理。

数据库存放输入的事实、外部数据库输入的事实及中间结果（事实）和最后结果的工作区。

推理机是一个程序，控制协调规则库与数据的运行，包含了推理方式和控制策略。

产生式系统推理机的推理方式可分为 3 种：反向推理、正向推理和双向推理。

反向推理　是从目标（作为假设）出发，反向使用规则，求得已知事实，或称目标驱动方式，也称自顶向下的方式。推理过程是重复这个过程，直至各子目标均为已知事实，便成功结束。

如果目标明确，使用反向推理方式效率较高，所以常为人们所使用。

正向推理 是从已知事实出发，通过规则求得结论，或称数据驱动方式，也称作自底向上的方式。推理过程是重复这个过程，直至达到目标。

具体来说，如数据库中含有事实 A，而规则库中有规则 A→B，那么这条规则便是匹配规则，进而将后件 B 送入数据库。这样可不断扩大数据库，直至包含目标，便成功结束。如有多条匹配规则，需从中选一条作为使用规则，不同的选择方法直接影响着求解效率。选规则的问题称作控制策略。正向推理会得出一些与目标无直接关系的事实，是有浪费的。

双向推理 既自顶向下又自底向上做双向推理，直至某个中间界面上两方向结果相符，便成功结束。不难想象这种双向推理较正向或反向推理所形成的推理网络来得小，从而推理效率更高。

产生式表示格式固定，形式单一，规则（知识单位）间相互较为独立，没有直接关系，使知识库的建立较为容易，处理较为简单的问题是可取的。另外，推理方式单纯，也没有复杂计算。特别是知识库与推理机是分离的，这种结构给知识库的修改带来方便，无须修改程序，对系统的推理路径也容易做出解释。基于这些特点，产生式表示知识常作为建造专家系统第一选择的知识表示方法。

2.3.3 框架表示法

即一个框架一般有若干个槽，一个槽有一个槽值或者有若干个侧面，而一个侧面又有若干个侧面值。其中槽值和侧面值可以是数值、字符串、布尔值，也可以是一个动作或过程，甚至还可以是另一个框架的名字。

例 2：下面是一个描述“教师”的框架：

框架名：＜教师＞
类属：＜知识分子＞
工作：范围：（教学，科研）
　　　　　　缺省：教学
性别：（男，女）
学历：（中师，高师）
类型：（＜小学教师＞，＜中学教师＞，＜大学教师＞）

可以看出，这个框架的名字为“教师”，它含有 5 个槽，槽名分别是“类属”“工作”“性别”“学历”和“类型”。槽名的右面是其值，如“＜知识分子＞”“男”“女”“高师”“中师”等。其中“＜知识分子＞”又是一个框架名，“范围”“缺省”就是侧面名，其后是侧面值，如“教学”“科研”等。另外，用＜＞括的槽值也是框架名。

例 3：下面是一个描述“大学教师”的框架：

框架名：＜大学教师＞
类属：＜教师＞
学历：（学士，硕士，博士）
专业：＜学科专业＞
职称：（助教，讲师，副教授，教授）
外语：语种：范围：（英，法，日，俄，德，…）

缺省：英
水平：（优，良，中，差）
缺省：良

例 4：下面是一个描述具体教师的框架：

框架名：＜教师–1＞
类属：＜大学教师＞
姓名：张宇
性别：女
年龄：35
职业：教师
职称：教授
专业：模式识别
部门：模式识别与智能系统研究室
工作：
参加工作时间：2007 年 9 月
工龄：当前年份 – 参加工作年份
工资：＜工资单＞

比较例 3 和例 4 中的框架，可以看出二者的关系是，后者是前者的一个实例。后者描述的是一个具体的事物，而前者描述的则是一个概念。所以，一般称后者为前者的实例框架。也就是说，这两个框架之间存在一种层次关系：后者为下位框架（或子框架），前者为上位框架（或父框架）。上位框架和下位框架是相对而言的，并不是一成不变的。如"教师"是"大学教师"的上位框架，但同时"教师"又是"知识分子"的下位框架。

框架之间的层次关系对减少信息冗余有重要意义，上位框架和下位框架之间逻辑上是种属关系，即一般和特殊的关系。下位框架可以继承上位框架的某些槽值或侧面值。所以，特性继承也是框架知识表示的重要特征。

通过框架的一般形式可以知道，框架特别适合用于表达结构性的知识。因此，对象、概念等知识非常适合用框架表示法来表示。其实，框架的槽就是对象的属性或状态，槽值就是属性值或状态值。除此之外，框架还可以用来表示行为（动作），因此，框架网络有时也用来表示某些情节或过程性事件。

另外，还需指出的是，框架也可以用来表示产生式规则。

例如，产生式：如果动物会下蛋且会飞行，则该动物是鸟类。

可用框架表示为：

框架名：＜判断 1＞
前提：
条件 1：会下蛋
条件 2：会飞行
结论：该动物是鸟类

基于框架的推理方法是继承。所谓继承，就是子框架可以拥有其父框架的槽及其槽值。实现继承的操作有匹配、搜索和填槽。匹配就是问题框架同知识库中的框架的模式匹配。所谓问题框架，就是要求解某个问题时，先把问题用一个框架表示出来，然后与知识库中的已有框架进行匹配。如果匹配成功，就可获得有关信息。搜索就是沿着框架间的纵向和横向联系，在框架网络中进行查找。搜索的目的是获得有关信息。

2.3.4 语义网络表示法

语义网络是由节点和有向弧（边）组成的一种有向图。其中，节点表示对象、概念、性质、状态、行为、事物等，有向边用来表示两个节点之间的某种联系或关系。图 2.5 所示就是一个典型的语义网络。其中，边上的标记就是该边的语义。

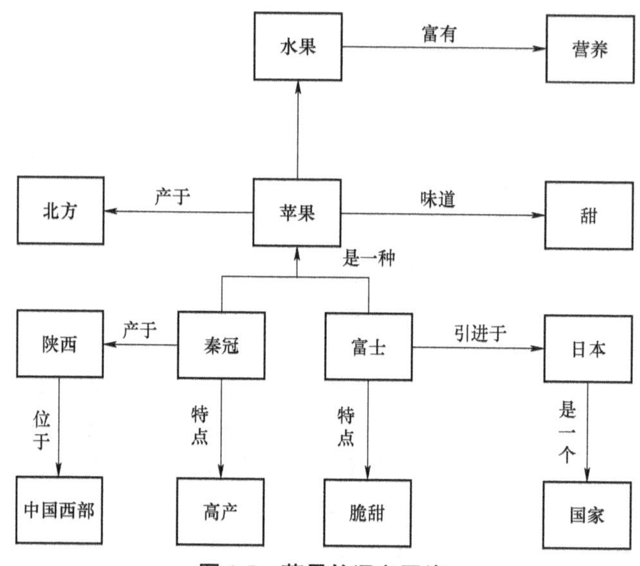

图 2.5　苹果的语义网络

1968 年，Quillian 在他的博士论文中首次提出语义网络的概念，并在论文中把语义网络作为人类联想记忆的一个显式心理模型。因此，语义网络有时也被称为联想网络。

如今，经过多年的发展，语义网络有了比较完善的理论基础，已成为一种重要的知识表示形式，在人工智能和专家系统中有着广泛的应用，尤其是自然语言理解领域（NLU）。语义网络可以划分为 5 个级别：执行级、逻辑级、认识论级、概念级和语言学级，并且可以分为 7 种不同的类型：

① 数据语义网：以数据为中心的语义网络；

② 语言语义网：用于自然语言的分析和理解；

③ 命题语义网（包括分块联想网络）；

④ 分类语义网：描述抽象概念及其层次；

⑤ 结构语义网：描述客观事物的结构，常见于模式识别和机器学习等领域；

⑥ 框架语义网：与框架相结合的语义网；

⑦ 推理语义网：是一种命题网，但它已在某种程度上规范化，更适用于推理。

从语义网络的特点可以分析出，语义网络不仅可以用来表示事物的状态、属性及行为等，还更加适合表示不同事物之间的联系。而一个表示事物的状态、层次和行为的语义网络，同时也可以看作是这个事物与其状态、属性或者行为的一种关系。

图 2.6 所示的专家系统的语义网络，不仅表示了专家系统这个事物（的内涵），还可以认为其表示了专家系统与“专家知识”“专家思维”“智能系统”及“困难问题”这几个事物之间的关系或联系。因此，语义网络可以用来表示事物之间的关系，并且能化为关系型的知识和关系（或联系）型的知识都可以用语义网络来表示。

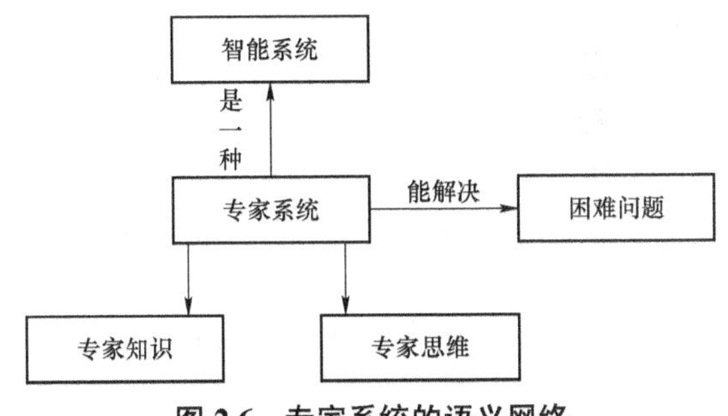

图 2.6　专家系统的语义网络

语义网络中的语义关系是多种多样的，一般根据事物之间实际的关系进行定义。常见的语义关系有 located-on、located-under 等表示位置的语义关系和 before、after、at 等表示时间次序的语义关系。

由前面的叙述可以看出，语义网络其实是一种复合的二元关系图，网络中的一条边就代表一个二元关系，整个语义网络就是由很多的这种二元关系组成的。

上面是从关系角度考察语义网络的表达力的，下面从另外一个角度——语句角度对语义网络进行考察。

例如，下面的语句（事件）：

小明送给小林一本词典。

用语义网络的方法可表示为图 2.7。其中 S 代表整个语句。称这种表示方法为自然语言语句的深层结构表示。

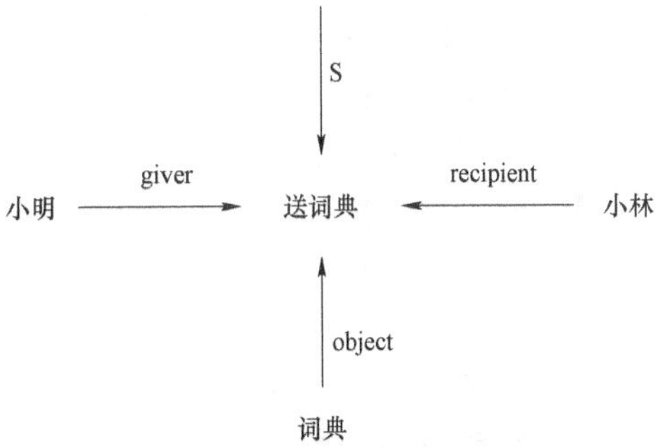

用谓词公式表示的形式语言语句也能用语义网络来进行表示。例如：

S
小明　giver　送词典　recipient　小林
object
词典

图 2.7　语句（事件）的语义网络

$\exists$(student(x) $\wedge$ read(x,三国演义))

即“有个学生阅读过名著《三国演义》”，用语义网络可表示为图 2.8 所示。

分块语义网络基本思想是：将复杂命题分解为小的子命题，直到一个子命题易于用语义网络表示，并用相应的节点来代表该网络，如图 2.9 所示。整个网络作为整体，用标记为 F（相当于指针）的弧与该节点连接。要求：语义子空间中的每个节点都应该是全称变量节点或依赖于全称变量节点的节点。

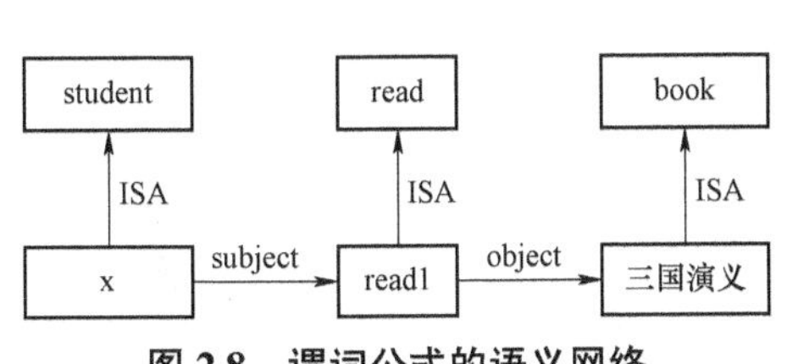

图 2.8　谓词公式的语义网络

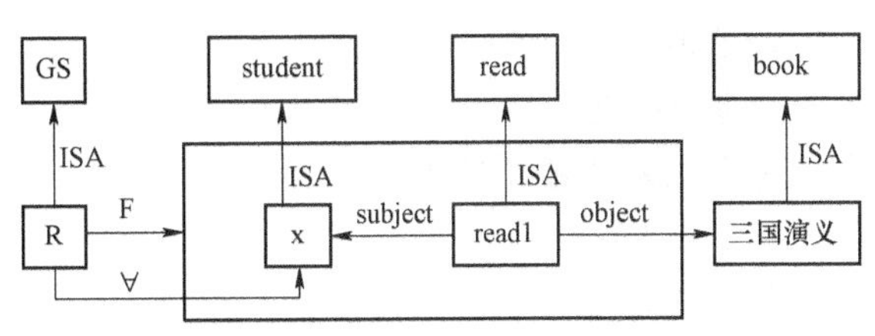

图 2.9　分块语义网络

2.3.5 脚本表示法

脚本的知识表示方法是 R. C. Schank 根据他的概念依赖理论提出的一种知识表示方法。它与框架类似，由一组槽组成，用来表示特定领域内一些事件的发生序列[7]。

脚本的组成部分：

进入条件：给出在脚本中所描述事件的前提条件；

角色：是一些用来表示在脚本所描述事件中可能出现的有关人物的槽；

道具：是一些用来表示在脚本所描述事件中可能出现的有关物体的槽；

场景：用来描述事件发生的真实顺序，一个事件可以由多个场景组成，而每个场景又可以是其他场景的脚本；

结局：给出在脚本所描述事件发生以后所产生的结果。

例 5：餐厅脚本。

进入条件：

① 顾客肚子饿了，想要去餐厅吃饭；

② 顾客有钱支付餐费。

角色：顾客，服务员，老板，厨师。

道具：食品，菜单，餐桌，钱。

场景：

场景 1：进入

顾客走进餐厅；

寻找空餐桌；

在桌子旁边坐下。

场景 2：点餐

服务员把菜单给顾客；

顾客点菜；

顾客把菜单还给服务员；

顾客等待服务员送菜。

场景 3：等待

服务员告诉厨师顾客点的菜；

厨师开始做菜，顾客等待。

场景 4：吃

厨师把做好的菜给服务员；

服务员把菜送给顾客；

顾客吃菜。

场景 5：离开

服务员拿来账单给顾客；

顾客买单；

顾客走出餐厅。

结果：

顾客吃了饭，肚子不饿了；

顾客花了钱，钱少了；

老板赚了钱，钱多了；

餐厅的食品变少了。

上述脚本所描述的事件是一个因果关系链。在链头是一组开场的前提条件，当这些条件都满足时，脚本中的事件才可以开始；在链尾是一组结果，同样，当这些结果都满足时，脚本中的事件才可以结束，以后的事件或事件序列才能发生。

在建立一个脚本之后，如果该脚本适用于所给定的事件，那么可以对一些没有明显在脚本中提出的事件进行预测，对于那些已经在脚本中明显提到的事件，可以通过脚本给出它们之间相互的联系。

在使用脚本之前，必须先将脚本激活。根据重要性程度的不同，激活脚本的方法有以下两种：

① 对于那些不属于事件核心部分的脚本，只需设置指针指向该脚本即可，以便这些脚本成为核心时能够顺利启用。例如，对于前面已经讨论过的餐厅脚本，如果有下面的事件：

“小明在去图书馆看画展的路上经过他喜欢的餐厅，他很喜欢这次的画展。”

那么就应该采用这种方法，设置一个指针指向餐厅脚本。

② 对于那些符合核心事件的脚本，则应使用在当前事件中涉及的具体对象和人物去填写剧本槽。脚本的前提、道具、角色和事件等常能起到激活剧本的指示器的作用。

一旦脚本被激活，则可以用它进行推理。其中，最重要的是利用剧本可以预测没有明确提及的事件的发生。例如，对于以下情节：

“昨天晚上，董平到了餐厅。他订了宫保鸡丁、馒头。但当他要买单时，发现钱包里没钱了。因为天空开始下雪了，所以他抓紧时间离开餐厅回家了。”

所以，有人会问：“昨晚，董平有没有吃饭？”

虽然在上面的叙述中没有提到董平吃饭与否的问题，但是根据餐厅的脚本，可以回答：董平吃饭了。这是因为启用了餐厅脚本，在这个情节中的所有事件序列与脚本中所预测的事件是相互对应的，因此，可以推测出事件在正常进行时所得到的结果。

但是，一旦一个典型的事件被中断，也就是给定情节中的某个事件与剧本中的事件不能对应时，则剧本便不能预测被中断以后的事件了。

与框架结构相比，脚本结构要呆板得多，不是很灵活，并且知识表示的范围也比较窄，所以不能用来表达各种知识。但是，对于表达那些预先设想好的特定知识，如理解故事情节等，脚本结构还是非常有效的。

2.3.6　面向对象表示法

最近几年来，面向对象的技术和方法蓬勃发展，在知识表示领域则出现了面向对象的知识表示方法。

面向对象技术中的核心概念是对象和类。对象可以泛指客观世界中的一切事物，类则是一类对象的抽象模型[5]。反之，一个对象是其所属类的一个实例化表达。在面向对象的程序设计语言中，一般只给出类的概念和定义，而其对象则由类生成。

类的定义中说明了所辖对象的共同特征（属性、状态等）和行为。特征用变量表示，行为则是作用于这些特征和作用于对象的一组操作，如函数、过程等。这些操作一般称为方法。这样，一个类将其对象所具有的共同特征和操作组织在一起，统一进行定义，以供全体对象共享。即当给类中的特征变量赋予一组值时，则这组值连同类中的方法，就构成了一个具体的对象。

类具有封装、继承、多态三个基本属性。

类和对象可以自然地描述客观世界和思维世界的概念和实体。类可以表示概念（内涵），对象可以表示概念实例（外延），类库就是一个知识体系，而消息可作为对象之间的关系，继承则是一种推理机制。

一般认为，面向对象知识表示是最结构化的知识表示方法。面向对象知识表示类似于框架，知识可以使用类的概念按一定层次形式来组织。由于面向对象知识表示还具有封装特性，从而使知识更加模块化。所以，用面向对象方法表示的知识相当结构化和模块化，并且容易理解和管理。因此，这种方法特别适用于大型知识库的开发和维护。

2.3.7 状态空间表示法

状态是用来表示系统状态、事实等叙述型知识的一组变量或数组：

$$Q=[q_1, q_2, \cdots, q_n]^t$$

操作是用来表示引起状态变化的过程型知识的一组关系或函数：

$$F:\ [f_1, f_2, \cdots, f_m]$$

状态空间（State Space）是利用状态变量和操作符号，表示系统或问题的有关知识的符号体系。状态空间是一个四元组（S，O，S_0，G）。其中，S 表示状态集合；O 表示操作算子集合；S_0 表示初始状态，$S_0 \subset S$；G 表示目的状态，$G \subset S$（G 可以是若干具体状态，也可是满足某些性质的路径信息描述），从 S_0 结点到 G 结点的路径被称为求解路径[8]。

状态空间的解是一有限操作算子序列，它使初始状态转换为目标状态：

$$S_0 \xrightarrow{O_1} S_1 \xrightarrow{O_2} S_2 \xrightarrow{O_3} \cdots \xrightarrow{O_k} G$$

其中，O_1，O_2，…，O_k 为状态空间的一个解。

例 6：八数码问题的状态空间。

在一个 3×3 九宫格盘子，如图 2.10 所示，放 1～8 这 8 个数码，其中一格为空。空格四周的数码均可以移动到该空格中。

2	3	1
5		8
4	6	7

图 2.10　八数码问题某一布局

8 个数码的每一种摆法就是一个状态，所有的摆法就组成了状态集 S，因此构成了一个状态空间，大小为 9！

相应操作算子则是数码移动，操作算子共有 8（数码）× 4（方向）=32 个。可简化为 4 个操作：Left，Right，Up，Down。

2.3.8 与/或树表示

在求解问题时，通常会有以下两种不同的思维方法：

分解：将复杂的、大的问题分解为一组简单的、小的子问题。如果所有子问题都可以解决，那么总问题也就解决了，这是“与”的逻辑关系——“与”树。

变换：将较难的问题变换为等价/等效的较易问题。若一个难问题可以等价变换为几个容易问题，则其中任何一个容易问题解决了，那么原来的难问题也就解决了，这是“或”的逻辑关系——“或”树。

与/或树就是兼用“分解”和“变换”的方法。

例 7：兔子和萝卜的求解问题。

设机器人“兔子”位于 a 处，但是目标食物“萝卜”挂在 c 处上方，兔子想吃到萝卜，但自身高度不够，够不着。在 b 处有一个可以移动的台子，若兔子站在台子上，就可以够着萝卜了。

问题：制订机器人“兔子”的行动方案，使兔子可以顺利拿到萝卜。

四元数组描述为：

$$S=(w,x,y,z)$$

式中，w 为兔子所处的水平位置；

x 为台子所在的水平位置；

y 为兔子是否站在台子上（$y=1$，在；$y=0$，不在）；

z 为兔子是否可以拿到萝卜（$z=1$，拿到；$z=0$，没拿到）。

可能出现的状态如下：

$$S_0=(a,b,0,0)$$

$$S_1=(b,b,0,0)$$

$$S_2=(c,c,0,0)$$

$$S_3=(c,c,1,0)$$

$$S_4=(c,c,1,1)$$

式中，S_0 为初始状态；

S_4 为目标状态。

允许的操作集为：

$$F=\{f_1,f_2,f_3,f_4\}$$

式中，$f_1(u)$ 为兔子走到 u 处　　$(w,x,0,z)\to(u,x,0,z)$

$f_2(v)$ 为兔子推台子到 v 处　　$(w,x,0,z)\to(v,x,0,z)$

f_3 为兔子爬上台子　　$(x,x,0,z)\to(x,x,1,z)$

f_4 为兔子拿到萝卜　　$(c,c,1,0)\to(c,c,1,1)$

通过比较目标状态 S_4 与初始状态 S_0 的差异来选择主操作。由于 S_0 与 S_4 中的四个状态量都有差异，相应的操作为 f_1、f_2、f_3 和 f_4，所以都可选为主操作。因此，可将原来的问题变换为 4 个新的问题，而新的问题又可分为几个子问题及子子问题，这一过程就是与/或树图，如图 2.10 所示。

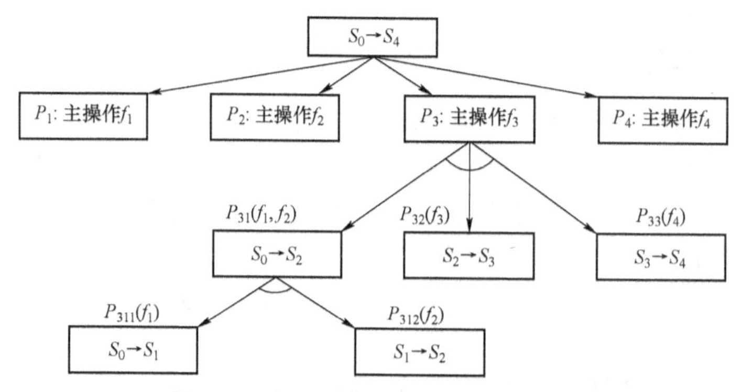

图 2.10　兔子和萝卜问题的与/或树图

2.3.9　过程表示法

过程表示法着重于对知识的利用，它把问题有关的知识及如何应用这些知识求解问题的控制策略都表述为一个或多个求解问题的过程。每一个过程是一个程序，用于完成对一个具体事件或情况的处理[9]。

过程表示法没有一种固定的表示形式，如何描述知识完全取决于具体问题。一般来说，一个过程规则由以下 4 部分组成：

（1）激发条件

激发条件由两部分组成：推理方向和调用模式。其中，推理方向用于指出推理是反向推理（BR）还是正向推理（FR）。如果是反向推理，则只有当“调用模式”与查询目标或子目标匹配时，才能将该过程规则激活；如果为正向推理，则只有当综合数据库中的已有事实可以与其“调用模式”匹配时，才能将该过程规则激活。

（2）演绎操作

演绎操作是由一系列的子目标组成的。当前面的激发条件满足时，将执行这里列出的演绎操作。

（3）状态转换

状态转换槽的作用是完成对综合数据库的增、删、改操作。

（4）返回

过程规则的最后一个语句是返回语句，用于指出将控制权返回到调用该过程规则的上一级过程规则那里去。

过程表示法表示的知识有以下两个明显的优点：

（1）表示效率高

过程表示法是用一系列程序来表示知识，程序可以很准确地表明先开始做什么、后面做什么以及如何做，并且可以直接嵌入一些启发式的控制信息。所以，可以选择需要的信息，避免无关的知识与跟踪路径，从而在很大程度上提高系统的运行效率。

（2）控制系统容易实现

由于控制性质已经嵌入程序中，所以控制系统的实现就会变得比较简单。

但过程表示法也有缺点，如不易修改和添加一些新的知识与信息，并且当对其中的某一过程进行修改时，很可能会影响到其他过程与知识，因此会对系统的维护造成很大的不便。

2.4　知识的语言实现

上面谈到的知识表示，主要指的是知识的逻辑结构或形式，它们是知识的外部表示形式。但是，还需要有程序语言的支持，才能把这些外部的逻辑形式转化为机器的内部形式。原则上来说，使用一般的通用程序设计语言就可以实现上述大部分的表示方法。但是使用专用的面向某一知识表示的语言，比通用设计语言更加便捷、更加高效。所以，上面讲述的每一种知识表示方法基本都有与其相应的专用程序语言。例如，专门支持框架的语言有 FEST、FRL、SRL，专门支持产生式的语言有 OPS5，支持神经网络表示的语言有 AXON，支持谓词逻辑的语言有 PROLOG 和 LISP，支持面向对象表示的语言有 Smalltalk、C++和 Java 等。

参 考 文 献

[1] 易继锴，侯媛彬. 智能控制技术[M]. 北京：北京工业大学出版社，2007.

[2] 王顺晃，舒迪前. 智能控制系统及其应用[M]. 北京：机械工业出版社，1995.

[3] Deng F, Guan S P, Yue X H, et al. Energy–Based Sound Source Localization with Low Power Consumption in Wireless Sensor Networks [J]. IEEE Transactions on Industrial Electronics，2017, 64(6): 4894 – 4902.

[4] 董美霞. 基于语义网模糊本体的知识推理研究[D]. 大连：大连海事大学，2011.

[5] 唐赛丽. 常识知识问答系统中知识库构建的研究与设计[D]. 郑州：河南大学，2005.

[6] 范重庆. 基于动态知识库的高考咨询问答系统研究[D]. 武汉：华中师范大学，2006.

[7] Bobrow D G, Collins A, et al. Representation and Understanding: Studies in Cognitive Science[M]. New York：Academic Press，1975.

[8] 张伏中. 状态空间表示法及其应用[J]. 系统工程与电子技术，1981（6）：3-14.

[9] 尹朝庆. 人工智能方法与应用[D]. 武汉：华中科技大学，2010.

第3章
人工神经网络信息处理

3.1 概述与基本概念

人脑是一个复杂非线性的并行信息处理系统，和计算机二进制计算方式完全不同。据统计，人类大脑有 1 010～1 011 个神经元，每个神经元与 103～105 个其他的神经元互相连接，从而构成一个极为庞大复杂的网络。如图 3.1 所示，神经元的结构总体可分为三个部分：细胞体（Soma）、树突（Dendrites）和轴突（Axon）。人脑处理复杂信息的能力是计算机无法比拟的，人脑中的基本信息处理单元（神经元）的信息处理速度比现在已有最快的计算机还要快许多倍。例如，人脑的视觉信息系统在完成一个感知识别任务（如在一幅图画中找到特定的目标，在一个陌生环境中找到一张人脸）时，人脑只需要 100～200 ms，而计算机则要更长的时间才能完成[1]。

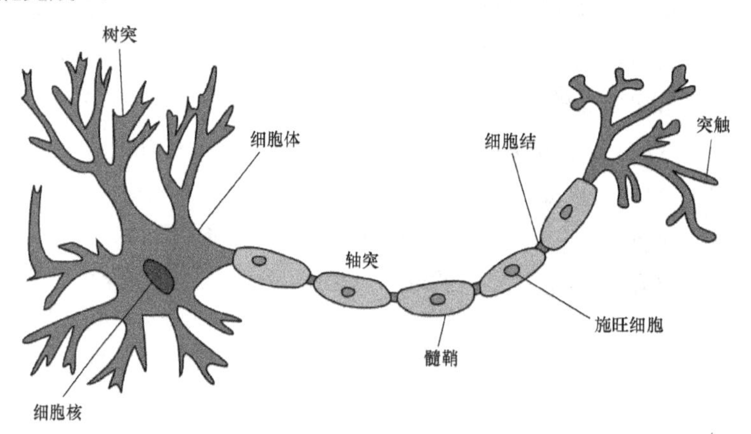

图 3.1　生物神经元模型示意图

人脑有并行处理、自适应能力及善于联想、归纳、类比的特点，如何利用计算机来模拟人脑的结构、思维方式，替代人脑来完成相应的工作就是人工神经网络的研究目标。神经网络学科是涉及数学、计算机、生物学、自动化、认知科学的一门边缘性交叉学科。人工神经网络将大量简单信息处理单元互相连接，组成一个系统性的信息处理器。人工神经网络作为一种自适应系统的定义如下[2]：神经网络是由简单处理单元构成的大规模并行分布式处理器，天然地具有存储经验知识和直接可用的特性。神经网络和人类大脑的类似之处在于：① 神经网络是通过学习过程从外界环境中获取知识的；② 互连神经元的连接强度（即突触权值）用于存储获取的知识。

Hecht–Nielsen 从模拟人脑活动的数学模型角度给出了人工神经网络的另一种定义：神经网络是一个由“信息处理单元”和“连接处理单元的无向信号通道”构成的并行、分布式信息处理结构。

人工神经网络在信息处理方面具有以下特点：

① 以大规模模拟并行处理为主。

此处的并行处理含义并不同于目前的并行处理机所进行的并行处理，它不是简单的“以空间重复性来换取时间的快速性”，而是反映了不同的操作机理，神经网络既是处理器，又是存储器，信息处理与存储合一。

② 具有较强的鲁棒性和容错性。

网络的高连接度意味着一定的误差和噪声不会使网络的性能恶化，即网络具有鲁棒性。大脑神经网络的鲁棒性对于智能演化可能是一个十分重要的因素。由于信息在神经网络中是分布存储于大量的神经元之中的，一个事物的信息不只是对应于一个神经元的状态进行记忆，而是分散到许多神经元中进行记忆。此外，每个神经元实际上存储着多种不同信息的部分内容。在分布存储内容中，有许多是完成同一功能的，即网络的冗余性。网络的冗余性导致网络的存储具有容错性。

③ 是一个大规模自适应非线性动力学系统，具有集体运算的能力。

在大脑中，神经元之间的突触连接，虽然其基本部分是先天就有的，即由遗传所决定的，但大脑皮层的大部分突触连接是后天由环境的激励逐步形成的。它随环境激励性质的不同而不同。能形成和改变神经元之间的突触连接的现象称为可塑性。由于环境的刺激，形成和调整神经元之间的突触连接，并逐渐构成神经网络的现象，称为神经网络的自组织性。

3.1.1　人工神经元模型

人工神经元模型是对生物神经元的模拟、简化模型，是神经网络的基本信息处理单位。图 3.2 给出了人工神经元的一种常见形式。包括连接突触 ω_{ij}、加法器 Σ 和激活函数 $f(\cdot)$。突触权值 ω_{ij} 表示输入信号 x_j 对神经元 i 的激活程度，不同的输入信号对应不同的突触权值，反映了同一个神经元对不同信号具有不同的敏感度；加法器 Σ 用于所有输入信号在对突触权值加权之后求和，本质是一个线性组合器；激活函数 $f(\cdot)$ 将输出信号限制在一个固定的范围之内，如 Sigmoid 函数将输出信号限制在 0 和 1 之间，激活函数反映了一个神经元在受到刺激之后的反映类型，不同的激活函数构成的神经网络具有不同的特点。图 3.2 所示的神经元还包括一个偏置，有些地方记为 b，图中记为 x_0，其含义是将偏置作为一个输入恒为 1 的输入信号，这样做的优点在于方便向量形式的公式表达。

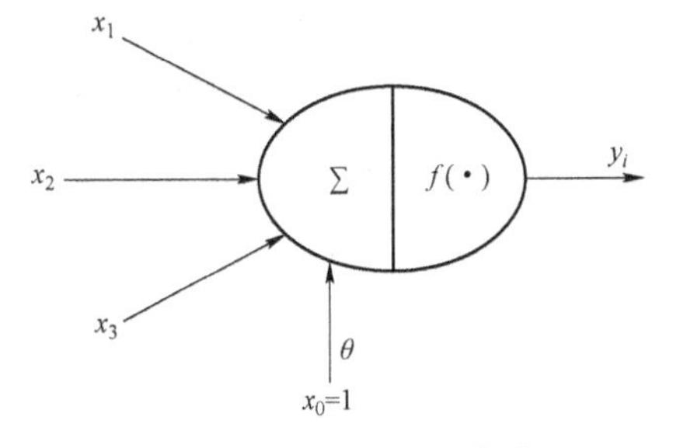

图 3.2　人工神经元模型

下面用一组数学公式表示人工神经元模型的输入/输出关系：

$$I_i = \sum_{j=1}^{n} \omega_{ij} x_j - \theta_i$$

$$y_i = f(I_i)$$

其中，$x_j (j = 1, 2, \cdots, n)$ 是从其他神经元传来的输入信号；ω_{ij} 表示从神经元 j 到神经元 i 的连接权值；θ_i为阈值；$f(\cdot)$为激活函数或作用函数。将偏置作为定输入后的形式为：

$$I_i = \sum_{j=0}^{n} \omega_{ij} x_j$$

$$y_i = f(I_i)$$

$$\omega_{0i} = -\theta_i, x_0 = 1$$

这里给出几种常用的激活函数形式，见表 3.1。

表 3.1　常见的激活函数

类型	特性	数学表达式	图像
阈值型函数	当y取 0 或 1 时，$f(x)$为阶跃函数	$f(x)=\begin{cases}1, x \geqslant 0\\0, x < 0\end{cases}$	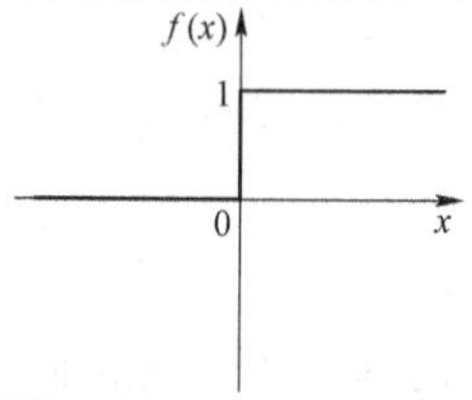
	当y取 1 或–1 时，$f(x)$为符号函数	$f(x)=\begin{cases}1, x \geqslant 0\\-1, x < 0\end{cases}$	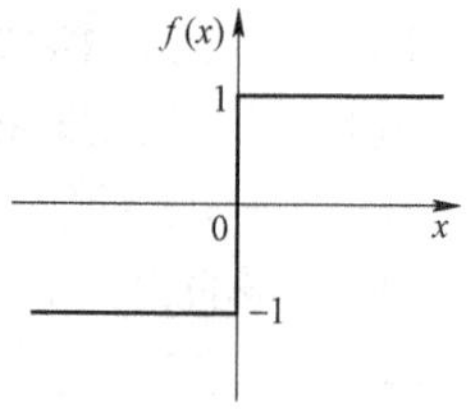
饱和型函数	饱和函数在输入接近于 0 时，增加了线性段	$f(x)=\begin{cases}1, x \geqslant \frac{1}{k}\\kx, -\frac{1}{k} \leqslant x \leqslant \frac{1}{k}\\-1, x \leqslant \frac{1}{k}\end{cases}$	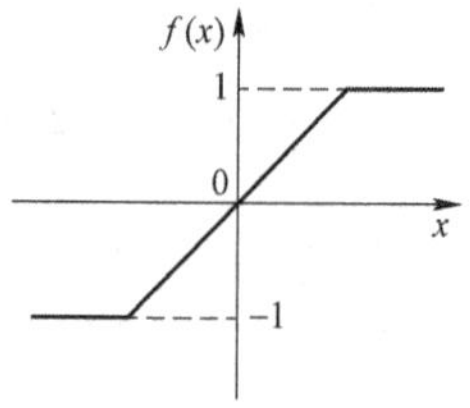
双曲正切函数	相对于 S 型函数，双曲正切函数允许激活函数取负值	$f(x)=\frac{e^x - e^{-x}}{e^x + e^{-x}}$	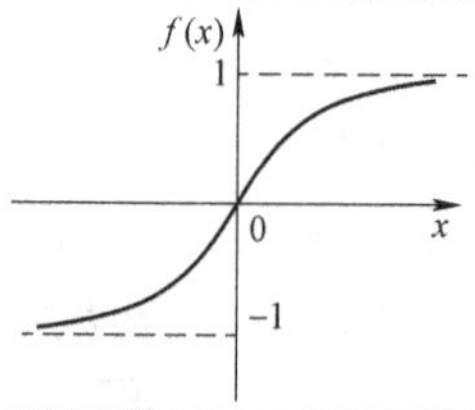
S 型函数	神经元的状态与输入作用之间的关系是在（0，1）内连续取值的单调可微函数，称为 Sigmoid 函数，简称 S 型函数	$f(x)=\frac{1}{1+\exp(-\beta x)}$，$\beta > 0$	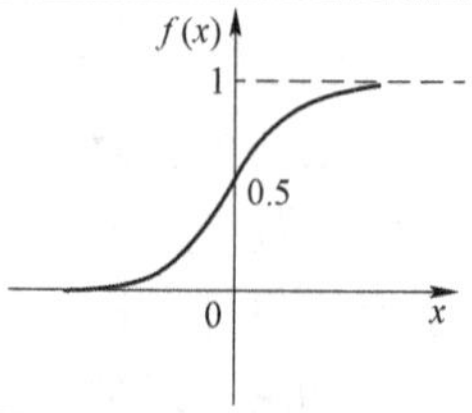
高斯函数	对于径向基函数构成的神经网络，神经元的结构可用高斯函数描述	$f(x)=e^{-x^2/\delta^2}$	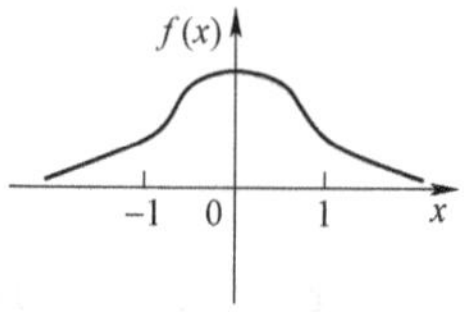

3.1.2 人工神经网络模型

3.1.1 小节介绍了神经元模型，本小节将介绍人工神经网络的连接模式和学习规则。在人脑中，神经元之间突触连接数目和形式极其复杂，从而利用简单的神经元也可以完成复杂任务，这也是连接主义的基本思想。为了模拟人脑神经元的连接方式，科学家们发明创造了多种连接方法，下面介绍两种常见的连接方式。

1. 前馈型神经网络

前馈型神经网络又称前向网络，如图 3.3 所示。神经元分层排列，有输入层、隐层和输出层，每一层的神经元只接受前一层神经元的输入，大部分前馈网络都是学习网络，常用的有感知器网络和 BP 网络。前馈网络包括单层前馈网络和多层前馈网络。

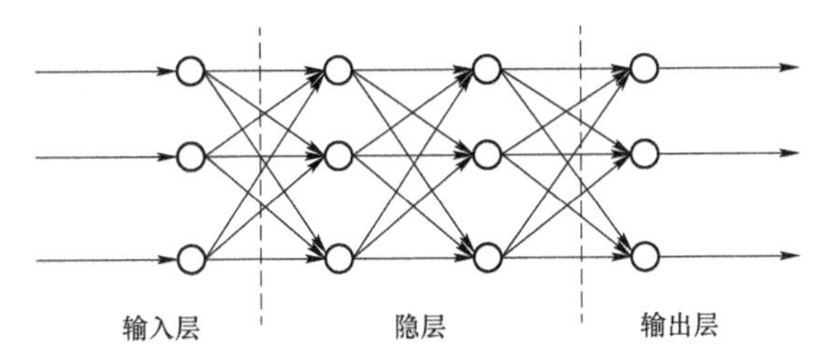

图 3.3 前馈型神经网络

前馈神经网络可以通过增加隐层的数目来提高其非线性表达能力，而也同样面对梯度消失或梯度爆炸的问题。同时，太多的隐层需要大量训练数据来学习连接权重，因此确定一个网络的规模也是一个重要的研究问题。

2. 反馈型神经网络

反馈型网络与前馈网络的区别在于其至少含有一个反馈环。反馈型神经网络的结构如图 3.4 所示，若总结点（神经元）数为 N，则每个节点有 N 个输入和 1 个输出，即所有节点都是一样的，它们之间都可以相互连接，Hopfield 神经网络是典型的反馈型网络。

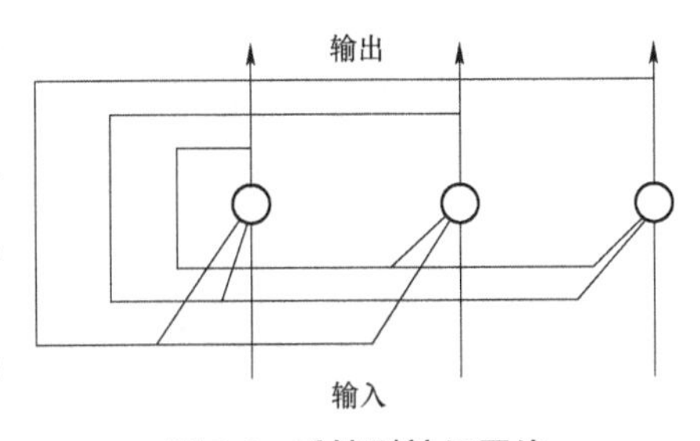

图 3.4 反馈型神经网络

神经网络的学习过程就是其训练过程，与人类的学习过程类似，神经网络的学习过程就是按照某种目标、规则对不同的输入信号不断优化自己的输出结果。按照神经网络的功能，可以将学习过程分为两类：有教师学习和无教师学习，无教师学习又包括无监督学习和强化学习。

（1）有教师学习

有教师学习，又被称为监督学习。有教师学习的最主要特点就是每个训练样本都包括输入和期望输出，以及教师给出了输入模式所对应的“正确答案”。神经网络根据自己计算的实际输出和期望输出得到误差，通过批量学习或者随机学习，不断优化自己的学习目标函数，使误差不断减小，直到达到所需的性能指标。图 3.5 为有教师学习的框图。按教师监督信号是否固定，又可将教师学习分为固定式学习和示例学习。

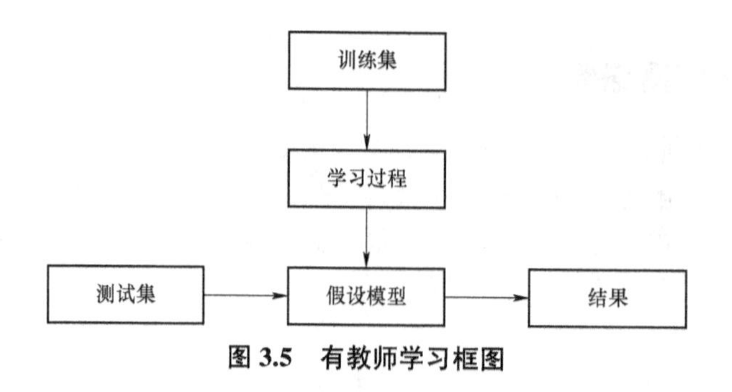

图 3.5　有教师学习框图

（2）无监督学习

无监督学习即网络的学习过程完全是一种自我学习的过程，不存在外部“教师”的监督，也不存在来自外部环境的反馈。学习过程根据输入信息和自身特有的网络结构与学习规则，来调节参数或结构，是一种自学习、自组织过程，从而使网络的输出反映输入的某种固有特征（如聚类或某种统计上的分布特征）。其中最为常用的是 Hebb 学习规则。学习框图如图 3.6 所示。

（3）强化学习

强化学习是介于有监督学习和无监督学习之间的一种学习方法，通过学习系统和环境之间的交互来最小化一个性能指标（如图 3.7 所示）。监督学习需要大量有标签的训练数据，搜集这样带标签的样本是耗时费力的工作，而强化学习需要环境对学习系统的动作做出正面或负面的反馈信号，解决了缺乏带标签样本时的学习问题。

图 3.6　无监督学习框图　　图 3.7　强化学习框图

3.2　感知机模型

感知机（perceptron）算法最初由 Frank Rosenblatt 于 1957 年在康奈尔航空实验提出。设计感知机起初的目的是构造一台机器，而不是一个程序，但感知机的第一次实现是运行在 IBM 704 上的一个软件，随后又设计了“Mark 1 perceptron”，完成了感知机的硬件实现。在 1958 年美国海军组织的新闻发布会上，Rosenblatt 就感知机发表了声明[3]，并在刚刚起步的人工智能社区中引起了激烈的争论，然而感知机很快被证明单层感知器只能学习线性可分的模式，不能识别出许多类型的模式。1969 年，Marvin Minsky 和 Seymour Papert 在所著的“Perceptrons”书中表示，神经网络不能够处理“异或问题”，当时的学者也错误地认为多层感知机也不能处理“异或问题”，这导致了神经网络研究的低谷，直到 1987 年“Perceptrons – Expanded Edition”更正了原文中的错误，才给神经网络的研究带来生机[4]。感知机是最简单的生物神经元简化模型，但在神经网络研究领域有着至关重要的地位。下面介绍感知机模型的具体原理。

感知机是一种有监督的二元分类器。二元分类器指的是一个可以表明输入样本是否属于特定的一个类别的函数，输入值一般表示为一个数值向量，输出为样本所属的类别。感知机属于线性分类器，是一种基于线性预测函数的分类算法，它将样本的特征向量按照一定的权重加权求出，从而判断样本所属的类别。感知机模型在输入空间中对应一个超平面，将训练数据划分为正、负两个类别，用 +1 和–1 来表示。

感知器的学习算法为梯度下降法。首先构造错误分类的损失函数，再用梯度下降法对损失函数进行最小化，求得感知机模型的参数。本小节首先介绍单层感知机模型的定义，以及对应解决的二分类问题；然后讲述感知机的损失函数和学习算法；最后用 Python 语言实现感知机模型，通过数值实验证明感知机模型的线性可分能力。

首先给出变量的说明，$\{(\boldsymbol{x}_i,\boldsymbol{y}_i)\}_{i=1}^{s}$ 表示一个包含 s 个样本的训练集，其中 $\boldsymbol{x}_i$ 表示第 i 个样本的 n 维特征向量，y_i 表示 x_i 对应的样本标签。将输入向量（特征向量）$\boldsymbol{x}(\boldsymbol{x}\in R^n)$ 映射到输出值 $f(x)$ 的函数为：

$$f(x)=\text{sign}(\boldsymbol{w}\cdot\boldsymbol{x}+\boldsymbol{b})$$

称为感知机。其中，$\boldsymbol{w}\in\boldsymbol{R}^n$，是感知机的权重向量；$\boldsymbol{b}\in\boldsymbol{R}$，是感知机的偏置；$\boldsymbol{w}\cdot\boldsymbol{x}=\sum_{i=1}^{n}\boldsymbol{w}_i\boldsymbol{x}_i$，是 $\boldsymbol{w}$ 和 $\boldsymbol{x}$ 的内积；sign 是符号函数，即：

$$\text{sign}\ (x)=\begin{cases}+1,x\geqslant 0\\-1,x<0\end{cases}$$

感知机的输出表示一个样本属于正类（positive instance，用 +1 表示）还是反类（negative instance，用–1 表示）。

感知机是线性分类器，下面从几何的角度介绍样本集的线性可分性和感知机的几何解释。假设一个样本集由两类不同标签的样本组成，如果存在一个线性分类器，可将样本集内每个样本都分类正确，那么就称这个样本集是线性可分的。也就是说，如果在样本集所属的空间里存在一个超平面将空间划分为两部分，两类标签的样本分别分布于超平面的两侧，那么这个样本集就是线性可分的。

如图 3.8 所示的样本集是线性可分的[5]。线性方程 $\boldsymbol{w}\cdot\boldsymbol{x}+\boldsymbol{b}=0$ 表示二位空间中的一个超平面，“∘”表示样本集内的正样本，“×”表示负样本，存在超平面将正负样本分开。感知机模型也可以理解为输入空间（特征空间）中的一个超平面，感知机的权重向量 $\boldsymbol{w}$ 等价于超平面的法向量，决定了超平面的方向；感知机的偏置相当于超平面的截距，决定了超平面相对于特征空间原点的位置。图 3.8 中的正样本满足 $\boldsymbol{w}\cdot\boldsymbol{x}+\boldsymbol{b}\geqslant 0$，对应感知机的输出是 +1；负样本满足 $\boldsymbol{w}\cdot\boldsymbol{x}+\boldsymbol{b}<0$，对应感知机的输出是–1。

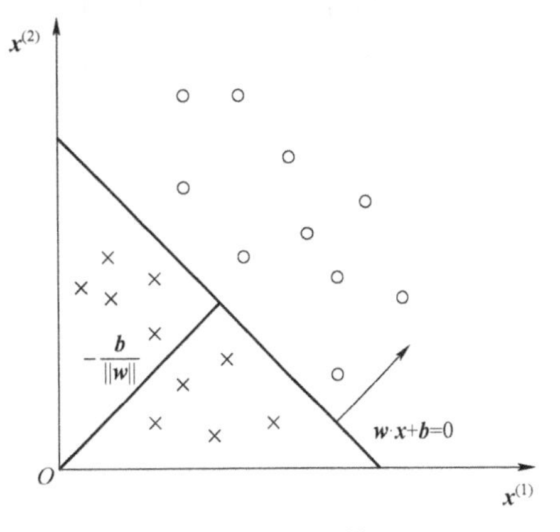

图 3.8　感知机模型

下面介绍感知机的损失函数和学习算法。

假设在 $\boldsymbol{R}^n$ 空间内有两类线性可分样本点 $\{(\boldsymbol{x}_i,y_i)\}_{i=1}^{s}$，感知器的任务就是寻找一个超平面将两类样本分开，也就是需要学习感知机的参数 $\boldsymbol{w}$ 和 $\boldsymbol{b}$。最直接的想法是用训练集内错误分类的样本数作为损失函数，然后将损失函数最小化，但由于这个损失函数不是参数 $\boldsymbol{w}$ 和 b 的连续可导函数，不易优化。因此，感知机采用的损失函数是错误分类点到超平面的距离和。

下面介绍如何表示感知机对一个样本集的损失函数。首先，空间内任意一点 $\boldsymbol{x}_0$ 到感知机超平面的距离为：

$$\frac{1}{\|\boldsymbol{w}\|}|\boldsymbol{w}\cdot\boldsymbol{x}_0+b|$$

其中，$\|\boldsymbol{w}\|$ 表示 $\boldsymbol{w}$ 的 L_2 范数。

以上表达式中仍存在绝对值符号，不能求导。我们观察到，对于正样本 $(\boldsymbol{x}_i,y_i)$，有 $y_i=+1$，若其被错误认为是负样本，则有 $\boldsymbol{w}\cdot\boldsymbol{x}_i+\boldsymbol{b}<0$；对于负样本 $(\boldsymbol{x}_i,y_i)$，有 $y_i=-1$，若其被错误认为是正样本，则有 $\boldsymbol{w}\cdot\boldsymbol{x}_i+\boldsymbol{b}>0$。因此，对于错误分类的样本，有：

$$-y_i(\boldsymbol{w}\cdot\boldsymbol{x}+\boldsymbol{b})>0$$

所以一个错误分类点 $(\boldsymbol{x}_i,y_i)$ 到分类平面的距离为：

$$-\frac{1}{\|\boldsymbol{w}\|}y_i(\boldsymbol{w}\cdot\boldsymbol{x}+\boldsymbol{b})$$

假设对于一个给定的训练数据集 T，根据当前分类平面得到的错误分类点的集合为 M，那么所有错误分类点到超平面的总距离为：

$$-\frac{1}{\|\boldsymbol{w}\|}\sum_{\boldsymbol{x}_i\in M}y_i(\boldsymbol{w}\cdot\boldsymbol{x}+\boldsymbol{b})$$

其中，$\frac{1}{\|\boldsymbol{w}\|}$ 为常数，可以不考虑，就得到了感知机的损失函数：

$$L(\boldsymbol{w},b)=-\sum_{\boldsymbol{x}_i\in M}y_i(\boldsymbol{w}\cdot\boldsymbol{x}+\boldsymbol{b})$$

$L(\boldsymbol{w},b)$ 是非负的，当 M 为空集时，$L(\boldsymbol{w},\boldsymbol{b})$ 取最小值 0。当错误分类点的数目越少，错误分类点距分类平面越近的时候，损失函数的值越小。

$L(\boldsymbol{w},b)$ 是 $\boldsymbol{w}$ 和 $\boldsymbol{b}$ 的连续可导函数，因此可以利用随机梯度下降法来极小化目标函数。假设错误分类点的集合为 M，那么损失函数对其变量的导数分别是：

$$\nabla_{w}L(\boldsymbol{w},\boldsymbol{b})=-\sum_{\boldsymbol{x}_i\in M}y_i\boldsymbol{x}_i$$

$$\nabla_{b}L(\boldsymbol{w},\boldsymbol{b})=-\sum_{\boldsymbol{x}_i\in M}y_i$$

因此，在学习过程中遇到一个随机选取的错误分类点时，参数 $\boldsymbol{w}$ 和 $\boldsymbol{b}$ 的更新公式为：

$$\boldsymbol{w}\leftarrow\boldsymbol{w}+\eta y_i\boldsymbol{x}_i$$

$$\boldsymbol{b}\leftarrow\boldsymbol{b}+\eta y_i$$

其中，$\eta(0<\eta\leqslant1)$ 为学习率，反映了每遇到一个错误样本，参数改变的程度。

下面给出感知机的学习算法：

输入：样本集合 $\{(\boldsymbol{x}_i,y_i)\}_{i=1}^{s}$

输出：分类超平面的法向量 $\boldsymbol{w}$

初始化：$\boldsymbol{w}_1 \leftarrow 0 \in \boldsymbol{R}^n, \boldsymbol{b}_1 \leftarrow 0$

for　$t = 1, 2, \cdots, T$：

随机挑选样本序号 $i = 1, 2, \cdots, s$

if 分类错误　$y_{i(t)}(\boldsymbol{w}_t \cdot \boldsymbol{x}_{i(t)}) \leqslant 0$：

更新　$\boldsymbol{w}_{t+1} \leftarrow \boldsymbol{w}_t + \eta y_{i(t)} \boldsymbol{x}_{i(t)}$

$$\boldsymbol{b}_{t+1} \leftarrow \boldsymbol{b}_t + \eta y_{i(t)}$$

else（分类正确）：

$$\boldsymbol{w}_{t+1} \leftarrow \boldsymbol{w}_t$$

返回　$\boldsymbol{w}_{T+1}$

需要说明的是，以上算法称为感知机的原始形式，已经证明该算法是收敛的，即在有限次迭代中可以得到一个超平面将一个线性可分数据集完全正确地划分为两个类别。关于感知机的更多介绍可以参考文献［6］。

下面用基于 Python 语言的 scikit–learn 机器学习库来实现感知机模型，并完成二分类任务。

首先利用 scikit–learn 机器学习库来构造一个二分类数据集，如图 3.9 所示。数据集共包括 500 个二维空间数据点，按照 4:1 的比例将其划分为训练集和测试集。

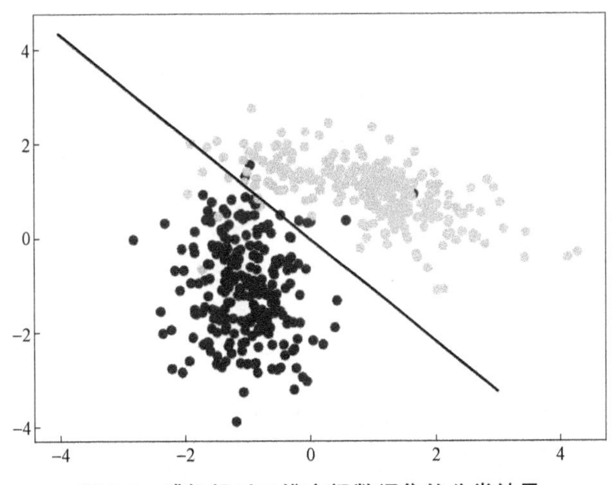

图 3.9　感知机对二维空间数据集的分类结果

感知机模型构造的关键代码如下：

```
model = Perceptron (fit_intercept = False, n_iter = 20, shuffle = True)
model.fit (x_train, y_train)
acc = model.score (x_test, y_test)
```

第一行代码表示构造一个感知机模型，fit_intercept = False 表示在训练过程中假设数据已经中心化，训练过程迭代 20 次，并且在每次循环中将样本顺序打乱；第二行代码执行训练过程；第三行代码用测试集测试模型的分类准确度。

从图 3.9 中可以看出，该数据集线性不可分，因此感知机不能实现 100%分类正确，但是经过 20 次迭代训练，感知机模型可以实现 95%的分类争取率。

3.3 BP 神经网络模型

BP 神经网络就是用反向传播方法（BP 算法）训练的多层前向传播神经网络模型，BP 神经网络是神经网络模型的基础，属于有监督学习模型，在线性回归、逻辑回归等任务中有着出色的表现。本节首先介绍 BP 神经网络模型的表示方法和前向传播计算过程，其次介绍 BP 神经网络的代价函数和反向传播算法，最后利用 Keras 库构建一个多层 BP 神经网络，完成对 MNIST 数据集的分类问题。

在本章的第一节中已经介绍了人工神经元模型和神经元激活函数的类型，BP 神经网络模型就是人工神经元按照不同层级组织起来的网络，每一层的输出变量都是下一层的输入变量。图 3.10 为一个三层的 BP 神经网络模型，第一层为输入层，最后一层为输出层，中间一层称为隐藏层，输入层和隐藏层中第一个神经元称为偏置神经元，储存一个常数值。对图 3.10 中的变量做以下定义：x_i 表示输入向量的第 i 个特征变量；x_0 表示输入偏置；$a_i^{(j)}$ 表示第 j 层的第 i 个神经元；$N^{(j)}$ 表示第 j 层的神经元个数（不包括偏置神经元）；$\boldsymbol{\theta}^{(j)}$ 表示从第 j 层映射到第 $j+1$ 层的权重矩阵，其矩阵的大小为 $[N^{j+1}, N^j+1]$。图 3.10 所示神经网络的 $\boldsymbol{\theta}^{(1)}$ 大小为 3×4，θ_{ij} 表示矩阵 $\boldsymbol{\theta}$ 第 i 行第 j 个元素。

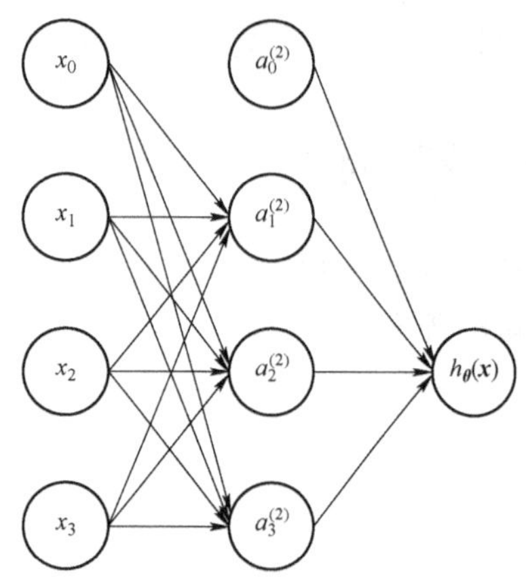

图 3.10 三层 BP 神经网络模型

为什么神经网络优于逻辑回归、线性分类器等机器学习算法呢？最主要的原因是人工神经网络增加了隐藏层，对原始特征向量进行了新的非线性表示，可以理解为隐藏层提取了更“高级”、更利于分类的特征。

下面介绍神经网络的前向传播过程。设神经网络的激活函数都为 $g(\cdot)$，那么网络的向前传播计算公式可以表示为：

$$a_1^{(2)} = g(\theta_{10}^{(1)}x_0 + \theta_{11}^{(1)}x_1 + \theta_{12}^{(1)}x_2 + \theta_{13}^{(1)}x_3)$$
$$a_2^{(2)} = g(\theta_{20}^{(1)}x_0 + \theta_{21}^{(1)}x_1 + \theta_{22}^{(1)}x_2 + \theta_{23}^{(1)}x_3)$$
$$a_3^{(2)} = g(\theta_{30}^{(1)}x_0 + \theta_{31}^{(1)}x_1 + \theta_{32}^{(1)}x_2 + \theta_{33}^{(1)}x_3)$$
$$h_{\boldsymbol{\theta}}(\boldsymbol{x}) = g(\theta_{10}^{(2)}a_0^{(2)} + \theta_{11}^{(2)}a_1^{(2)} + \theta_{12}^{(2)}a_2^{(2)} + \theta_{13}^{(2)}a_3^{(2)})$$

一般情况下，设置 $x_0=1$。假设已经给定了网络连接权重矩阵 $\boldsymbol{\theta}$ 和偏置 $a_0^{(2)}$，则可以计算神经网络的输出，这一个过程称为前向传播算法（Forward Propagation）。也可以通过向量化，用矩阵的形式表示前向传播过程，设输入向量为 $\boldsymbol{x}=[x_0 \quad x_1 \quad x_2 \quad x_3]^{\mathrm{T}}$，第 i 层网络接收到的输入为 $\boldsymbol{z}^{(i)}=[z_1^{(i)} \quad z_2^{(i)} \quad z_3^{(i)}]^{\mathrm{T}}$，则

$$\boldsymbol{z}^{(2)} = \boldsymbol{\theta}^{(1)} \cdot x$$
$$\boldsymbol{a}^{(2)} = g(\boldsymbol{z}^{(2)})$$
$$\boldsymbol{z}^{(3)} = \boldsymbol{\theta}^{(2)} \cdot [1 \quad \boldsymbol{a}^{(2)}]^{\mathrm{T}}$$
$$h(\boldsymbol{x}) = g(\boldsymbol{z}^{(3)})$$

其中，$\boldsymbol{\theta}^{(1)}=\begin{bmatrix}\theta_{10}^{(1)} & \theta_{11}^{(1)} & \theta_{12}^{(1)} & \theta_{13}^{(1)}\\ \theta_{20}^{(1)} & \theta_{21}^{(1)} & \theta_{22}^{(1)} & \theta_{23}^{(1)}\\ \theta_{30}^{(1)} & \theta_{31}^{(1)} & \theta_{32}^{(1)} & \theta_{33}^{(1)}\end{bmatrix}$；$\boldsymbol{\theta}^{(2)}=\begin{bmatrix}\theta_{10}^{(2)} & \theta_{11}^{(2)} & \theta_{12}^{(2)} & \theta_{13}^{(2)}\end{bmatrix}$。

在前向传播中，假设网络参数是已知的。

第一个式子表示输入向量 $\boldsymbol{x}$ 通过连接权重矩阵 $\boldsymbol{\theta}^{(1)}$ 传递给第二层神经元；第二个式子将隐藏层神经元的输入进行了非线性映射，作为第二层的输出；第三个式子将第二层的输出通过 $\boldsymbol{\theta}^{(2)}$ 矩阵加权，作为第三层的输入，需要注意的是，在此步前向传递过程中，扩充了向量的维度，即增加了偏置项，表示为$[1 \quad \boldsymbol{a}^{(2)}]^{\mathrm{T}}$；第四个式子输出了神经网络的最终输出值。如此就可以实现 BP 网络对一个训练实例的前向传播过程。对整个训练集进行向量化的前向传播时，只需要将输入特征向量扩展成矩阵。

下面介绍 BP 神经网络的代价函数。引入新的标记定义：假设神经网络的训练样本的数目为m，每一个样本包括一个输入特征向量 $\boldsymbol{x}$ 和一个理想输出信号 y，另外，将神经网络对一个输入样本的实际输出定义为 $h_{\boldsymbol{\theta}}(\boldsymbol{x})$ 或 $\hat{y}$。L 表示网络的层数，S_l 表示网络第 l 层的神经元个数，S_L 表示网络最后一层的神经元个数。

BP 神经网络的应用场景主要包括回归问题和分类问题。回归问题的输出为连续值或连续值构成的向量，此时把回归的平方误差定义为损失函数：

$$J(\boldsymbol{\theta})=\frac{1}{m}\sum_{i=1}^{m}(y^{(i)}-h_{\boldsymbol{\theta}}(\boldsymbol{x}^{(i)}))^2$$

分类问题的输出为离散值，利用 one–hot 编码对每个类别的标签进行编码，如对一系列图片进行分类时，假设已知图片的内容包括 3 类：轿车、公交车和摩托车，那么就可以用以下 3 个向量分别表示 3 类图片：$[1 \quad 0 \quad 0]^{\mathrm{T}}, [0 \quad 1 \quad 0]^{\mathrm{T}}, [0 \quad 0 \quad 1]^{\mathrm{T}}$。当用神经网络完成 k 类分类任务时，则需要一个 k 维的向量表示类别标签，对应的网络最后一层的神经元个数 S_L 等于 k。此时的代价函数用交叉熵来表示：

$$J(\boldsymbol{\theta})=-\frac{1}{m}\left[\sum_{i=1}^{m}\sum_{k=1}^{K}y_k^{(i)}\lg(h_{\boldsymbol{\theta}}(\boldsymbol{x}^{(i)}))_k+(1-y_k^{(i)})\lg(1-h_{\boldsymbol{\theta}}(\boldsymbol{x}^{(i)}))_k\right]$$

在此之前，已经给出了神经网络的前向传播过程，其中的神经网络参数是提前给定的，在实际中还需要利用反向传播算法训练神经网络的参数。反向传播算法的实质是利用梯度下降的方法来最小化代价函数。

下面给出 BP 算法计算步骤为：

① 网络初始化：随机初始化连接权重，设定误差函数 e，最大学习次数 M。

② 随机挑选第 k 个输入样本及对应期望输出，并计算隐含层各神经元的输入和输出。

③ 计算误差。

④ 计算误差函数对输出层各神经元的偏导数。

⑤ 计算误差函数对隐含层各神经元的偏导数。

⑥ 更新修正连接权重。

⑦ 计算全局误差。

⑧ 判断网络误差是否满足要求。当误差达到预设精度或学习次数大于设定的最大次数

时，则结束算法；否则，选取下一个学习样本及对应的期望输出，返回到第③步，进入下一轮学习。

最后，利用 Keras 深度学习库构造一个 BP 神经网络，完成对手写数字数据集 MNIST 的分类问题，本例参考 Keras 深度学习库中示例。Keras 是一个常用的基于 Python 语言的深度学习库。MNIST 数据集来自美国国家标准与技术研究所，训练集包括 60 000 个手写数字图片及对应标签，测试集包括 10 000 个样本，图 3.11 给出了 MNIST 数据集的样本示例。我们的任务就是训练一个全连接的 BP 神经网络来识别图片中的数字，这里“全连接”表示神经网络中相邻的两个层之间的神经都两两连接，而层内的神经元之间不存在连接权重。

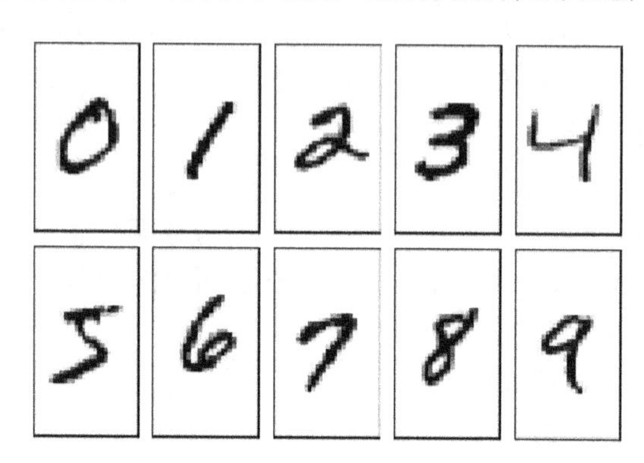

图 3.11　MNIST 数据集样本示例

对于实验用于前期准备的代码，此处不加赘述，这里介绍构造网络的关键代码：

```
model = Sequential ()
model.add (Dense (512, activation = 'relu', input_shape =  (784,)))
model.add (Dense (512, activation = 'relu'))
model.add (Dense (num_classes, activation = 'softmax'))
```

model=Sequential( )表示模型属于序贯模型；然后添加一个 Dense 层（全连接层）作为输入层，激活函数为 Relu 函数，输入向量的维度为 784 维（每张图片的像素点包括 28×28=784 个），输出的隐藏层向量维度为 512；随后添加一个隐藏层，激活函数同样为 Relu 函数；最后添加一个输出层，激活函数为 softmax 函数。实验结果证实，通过训练集的训练，网络最后对测试集的识别精度可以达到 0.984 7。

3.4　受限玻耳兹曼机

受限玻耳兹曼机（Restricted Boltzmann Machine，RBM）是能够学习其输入概率分布的生成式随机人工伸进网络。RBM 最初由 Paul Smolensky 在 1986 年提出，在 2006 年由 Hinton 提出了以 RBM 为基础模块的 DBM（Deep Boltzmann Machine）模型后，RBM 的研究热潮更为高涨。RBM 在降维、分类、联合滤波、特征抽取、主题建模方面都有应用，根据任务的不同，RBM 可以分为监督模型和非监督模型。

RBM 是一种随机神经网络。所谓随机，指的是这种网络的神经元状态是随机的，其状态按照一定概率处于激活和未激活两种状态，激活状态用“1”表示，未激活状态用“0”表示。根据 RBM 的名称可以看出受限玻耳兹曼机是玻耳兹曼机的变体。“受限”指的是，RBM 的神经元必须构成一个二分图，构成一个两层神经网络。二分图的含义是，假设一个无向图 G 的顶点 V 可以分为两个集合，并且无向图 G 的每条边连接的两个顶点都分在两个不同顶点集内。本节主要介绍无监督形式的 RBM。首先介绍 RBM 的网络结构，然后用一个形象的例子介绍 RBM 网络是如何工作的，最后利用基于 Python 语言的机器学习工具包实现 RBM 对手写数字的识别任务。

首先介绍 RBM 的网络结构。RBM 网络模型相对简单，只包含两层神经元，如图 3.12 所示，上面的一层神经元为隐藏层，下面的一层神经元为可见层，隐藏层和可见层之间完全连接，而隐藏层和可见层内部互相独立。值得注意的是，RBM 的两个层地位完全相同，可以不区分前向和后向，即可见层状态可以作为隐藏层，隐藏层状态可以作为可见层。

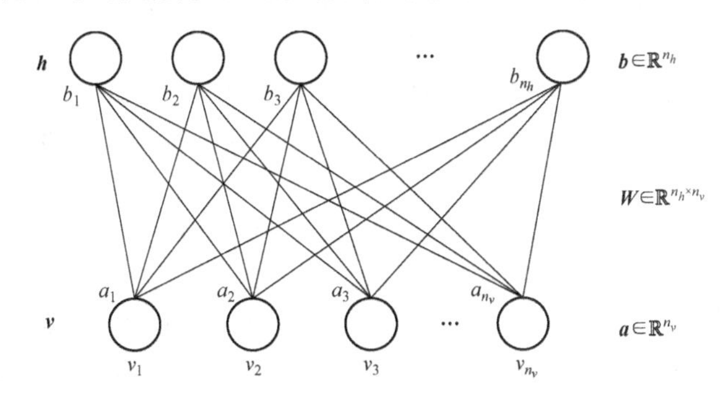

图 3.12　RBM 网络模型的两层结构

下面对网络的参数进行定义：

n_{v}、n_{h} 分别表示可见层和隐藏层的神经元数目，其中下标 v、h 分别代表 variable 和 hidden；

$\boldsymbol{v}=(v_1,v_2,\cdots,v_{n_{\mathrm{v}}})^{\mathrm{T}}$ 表示可见层的状态向量；

$\boldsymbol{h}=(h_1,h_2,\cdots,h_{n_{\mathrm{h}}})^{\mathrm{T}}$ 表示隐藏层的状态向量；

$\boldsymbol{a}=(a_1,a_2,\cdots,a_{n_{\mathrm{v}}})^{\mathrm{T}}$ 表示可见层的偏置向量；

$\boldsymbol{b}=(b_1,b_2,\cdots,b_{n_{\mathrm{h}}})^{\mathrm{T}}$ 表示隐藏层的偏置向量；

$\boldsymbol{W}=(w_{ij})\in\mathbb{R}^{n_{\mathrm{h}}\times n_{\mathrm{v}}}$ 表示连接权重矩阵，其中 w_{ij} 表示隐藏层第 i 个神经元与可见层第 j 个神经元之间的连接权重。

神经元的状态就是神经元的激活程度，RBM 的隐藏层的激活函数一般为 Sigmoid 函数，其计算方法和 BP 神经网络类似，即隐藏层第 i 个神经元的激活程度是 $P_i=\sigma(\Sigma_j w_{ij}x_j)$，其中 $\sigma(x)=1/[1+\exp(-x)]$，RBM 的神经元状态都是二值的，也就是对于所有神经元的状态，取值范围是 $\{0,1\}$，而激活程度并非二值状态，所以用随机神经网络的观点描述为神经元激活的概率为 P_i，没有激活的概率为 $1-P_i$。

RBM 模型是基于能量的模型，这里能量的含义来自热力学的启发。一个真实的物理系统是含有能量的，能量函数反映了系统的稳定程度。例如，一滴水珠内水分子在空间中可任意分布排列，系统所处状态（水分子的位置）就具备一定随机性。一个系统所处的状态越稳定，其能量函数就越小，处在该状态的可能性就越大。一个神经网络也可以引入能量的定义，和热力学系统相似，一个随机神经网络的能量函数越大，处于该状态的概率就越小。RBM

的能量函数定义为：

$$E_\theta(\boldsymbol{v},\boldsymbol{h}) = -\boldsymbol{a}^{\mathrm{T}}\boldsymbol{v} - \boldsymbol{b}^{\mathrm{T}}\boldsymbol{h} - \boldsymbol{h}^{\mathrm{T}}\boldsymbol{W}\boldsymbol{v}$$

那么一个可见层状态向量 $\boldsymbol{v}$ 和隐藏层状态向量 $\boldsymbol{h}$ 的联合概率分布函数为：

$$P_\theta(\boldsymbol{v},\boldsymbol{h}) = \frac{1}{Z_\theta}\mathrm{e}^{-E_\theta(\boldsymbol{v},\boldsymbol{h})}$$

其中，$Z_\theta = \sum_{\boldsymbol{v},\boldsymbol{h}} \mathrm{e}^{-E_\theta(\boldsymbol{v},\boldsymbol{h})}$ 为归一化因子。无监督玻耳兹曼机的主要目的是学习输入数据的状态分布，抽取其中的非线性特征，因此要寻找参数 $\theta = \{\boldsymbol{a},\boldsymbol{b},\boldsymbol{W}\}$，使得训练样本出现的似然概率，即可见层状态的似然概率 $P_\theta(\boldsymbol{v})$ 最大。

根据理论推导，可以用参数和可见层状态来表示 $P_\theta(\boldsymbol{v})$，然后利用梯度上升算法最大化样本的对数似然概率函数 $\ln(P_\theta(\boldsymbol{v}))$。这样的训练方法是可行的，但是其巨大的计算复杂度使得该方法并不实用，也就使得 RBM 的应用受到了限制，直到 Hinton 提出了对比散度（Contrastive Divergence）的训练方法[7]，才使得 RBM 真正实用。该算法目前称为训练 RBM 的标准算法。

下面用一个简单形象的例子来介绍 RBM 在实际推荐系统中是如何工作的。

假如有 6 部电影，并且有很多名观众对这 6 部电影进行了打分，现在想要分析这些观众都喜欢什么类型的电影，再向他们推荐类似的电影。例如，喜欢《哈利・波特》和《魔戒 3》之类电影的观众比较倾向于奇幻类型的电影。而现在观众只告诉你是不是喜欢这部电影，即对于喜欢的电影用 1 表示，不喜欢的电影用 0 表示，那么对于每个被询问的观众，得到的就是一个 6 维的二值向量，并且在无监督学习的任务中，是没有“奇幻”这样的概念的，也就是说，对于这 6 部电影是不清楚其所属类别和特征的。那么，该如何利用这些二值向量分析观众的喜好呢？

如图 3.13 所示，电影推荐系统的 RBM 模型示例是为 6 部电影构造的 RBM，包括两层神经元：下面一层为可见层，每个神经元的状态表示一个观众是否喜欢这部电影；上面一层为隐藏层，每个神经所状态所表示的是想要学习的电影特点（想要分析是什么内在的因素决定了一个观众喜欢这两部电影，而不喜欢其他电影，并且这个内在因素是不能提起定义的）；偏置神经元影响了一个神经元被激活的难易程度。两个神经元的连接权重反映了两个神经元的相关性，具有正权值的两个神经元的激活概率趋向于相同；具有负权值的两个神经元更趋向于相反。

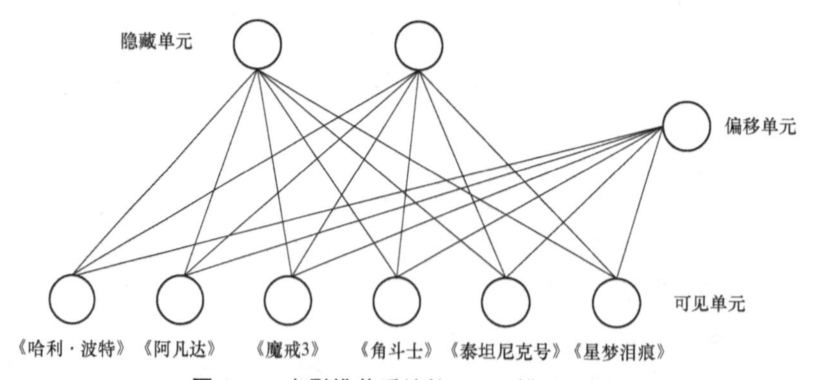

图 3.13　电影推荐系统的 RBM 模型示例

假设想要找到两个因素来分析观众们的兴趣取向，并且假设已经训练好了神经网络参数，并且知道隐藏层两个神经元的含义：一个表示“科幻因素”，一个表示“爱情因素”。那么 RBM 就可以做以下两种分析：第一，如果一位观众 A 表示喜欢 6 部电影中的《哈利 • 波特》《阿凡达》《魔戒 3》，将 A 的答案用 0–1 编码作为输入向量，然后通过正向传播计算隐含层的状态，隐含层的“科幻神经元”返回一个更高的可能性，那么 RBM 分析出 A 喜欢的是科幻类型的电影；第二，假如知道一个人喜欢科幻电影，那么将隐藏层的科幻神经元激活，然后反向传播，RBM 会在可见层返回一系列的电影推荐。从 RBM 以上两种分析中可以看出，RBM 的可见层和隐藏层是可以互换的。并且需要指出的是，以上的例子是建立在训练好的网络模型基础上的，实际中需要先训练模型，并且实际中常常是无法知道隐藏层表示的具体因素的。

下面还用这个例子来简单介绍对比散度算法是怎么工作的。权重学习的每一个循环过程如下：

① 取一个训练样本，作为可见神经元层的输入。

② 计算每个隐层神经元的激活概率，然后计算每个连接权重 e_ij 的正向匹配度 $\text{Positive}(e_{ij}) = x_j * x_i$。

③ 用隐藏层的激活概率，反向重构（Reconstruct）可见层的神经元状态（重构的状态可能和原来的输入不同）；然后用重构状态作为可见层的输入，并计算每连接权重的反向匹配度 $\text{Negative}(e_{ij}) = x_j * x_i$。

④ 更新每条边的权重 w_ij = w_ij + L*（Positive（e_ij）−Negative（e_ij）），其中 L 为学习率。

对所有的样本重复以上步骤。

那么为什么上面的学习过程有意义呢？在第②步中，首先按照现有的权重计算隐藏层的激活概率，再计算两个相连神经元状态的内积，称此内积为正向匹配度，也就是希望网络从样本中学习到的可见层和隐藏层之间的联系；在反向重构的过程中计算的反向匹配度，反映的是 RBM 自身产生（幻想）的可见层和隐藏层之间的联系，并不针对任何样本，因此用（Positive（e_ij）−Negative（e_ij））更新权重，可以使 RBM 幻想的可见层和隐藏层之间的联系更容易匹配真实学习的样本。

本节最后利用基于 Python 语言的 scikit–learn 机器学习工具包实现 RBM 对手写数字的识别任务。本例参考 scikit–learn 的官方学习文档。选择的数据库包括近 2 000 张手写数字的 8×8 灰度图片，在灰度图片中，像素值就是图片各个像素点的黑色程度。在本例中，RBM 对图片的像素值向量进行了非线性特征提取，然后用逻辑回归分类器进行分类，其中 RBM 的可见层节点为 64 个，隐藏层节点为 100 个，也就是希望提取到图片的 100 个特征作为图片新的特征向量，如图 3.14 所示。这里 RBM 的超参数，包括学习率和训练迭代次数，是使用网格搜索的方法找到的。实验结果表明，利用 RBM 提取特征后再进行分类的正确率要高于直接对图片的原始像素进行分类，从图 3.14 中

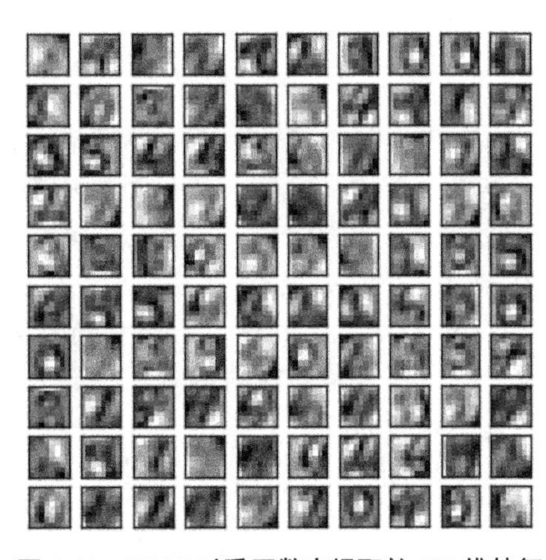

图 3.14　RBM 对手写数字提取的 100 维特征

RBM 对手写数字提取的 100 维特征也可以看出，RBM 提取的某些特征中包括明显的数字特征，如第一行的最后 3 个特征为“0”，而有些特征则意义不明。

3.5 循环神经网络

循环神经网络（Recurrent Neural Network，RNN）是另外一种典型的神经网络。RNN 最大的特点就是利用了样本的序列信息。在传统的神经网络中，假设所有的输入和输出都是互相独立的，这对很多的机器学习任务其实是不成立的。例如，已经知道句子的前一个单词，想要预测句子的下一个单词，就需要学习单词之间的相互关系。循环神经网络中，“循环”的意思就是将序列的每一个元素按照顺序作为自己的输入，并且 RNN 的当前输出不仅与当前的输入有关，还和之前的输入有关。RNN 依靠自己内部节点（memory cell）来保留之前输入的信息。理论上，RNN 可以保留任意长度序列的信息，但是在实际中，RNN 只可以“记忆”之前几步的信息，再“久远”的信息由于“梯度消失现象”的存在就被遗忘了。

图 3.15 为循环神经网络及其前向计算示意图。左侧为一个循环神经网络的示意图，$\boldsymbol{x}$ 为网络当前的输入；$\boldsymbol{s}$ 为网络的隐含层状态；$\boldsymbol{o}$ 为网络的输出；$\boldsymbol{U}$ 为从输入到隐含状态的连接矩阵，称为输入矩阵；$\boldsymbol{V}$ 为从隐含状态到输出的连接矩阵，称为输出矩阵；$\boldsymbol{W}$ 为从当前隐含状态到下一步隐含状态的连接矩阵，称为状态矩阵。RNN 的前向传递方程可以表示为

$$\boldsymbol{s}_t = f(\boldsymbol{U}\boldsymbol{x}_t + \boldsymbol{W}\boldsymbol{s}_{t-1})$$
$$\boldsymbol{o}_t = \mathrm{softmax}(\boldsymbol{V}\boldsymbol{s}_t)$$

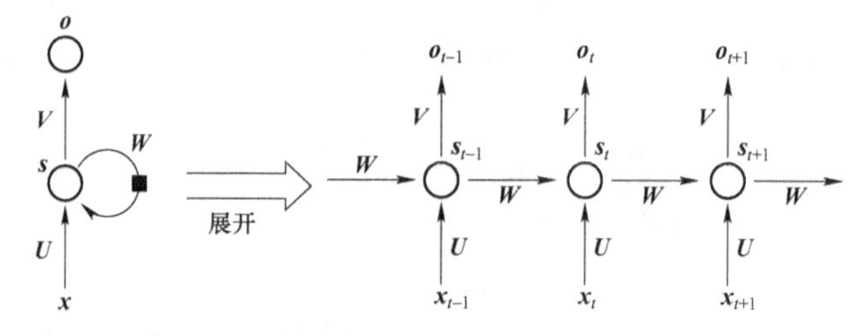

图 3.15 循环神经网络及其前向计算示意图

下面结合图 3.15 右侧的 RNN 展开图来理解 RNN 的前向传播计算过程：RNN 的训练样本为一个序列，前向传播过程中按照前后顺序将序列的每个元素输入 RNN 中，并根据每个输入元素给出一个输出。$\boldsymbol{x}_t$ 表示第 t 步的输入，由于 $\boldsymbol{x}_t$ 的输入会改变 RNN 的隐含状态 $\boldsymbol{s}_t$，而 $\boldsymbol{s}_t$ 又会受上一步的隐含状态影响，所以 $\boldsymbol{s}_t$ 是 $\boldsymbol{x}_t$ 和 $\boldsymbol{s}_{t-1}$ 的函数，$\boldsymbol{s}_t = f(\boldsymbol{U}\boldsymbol{x}_t + \boldsymbol{W}\boldsymbol{s}_{t-1})$，其中，$f$ 为 tanh 函数或 ReLU 函数。也可以理解为 RNN 的输入包含两部分：一部分是当前的输入，一部分是上一步的隐含状态。在计算输出时，RNN 仅依赖当前的隐含状态 $\boldsymbol{s}_t$。

需要说明的是，根据学习任务的不同，RNN 的输出形式也不同。图 3.15 展示的 RNN 在每一步都计算一个输出，RNN 也可以在接收一个完成序列之后给出最后的输出结果。例如，在用 RNN 做翻译时，需要给每个英文单词输入给出一个中文输出，或者在生成句子时，

输入是句子当前的单词，输出的句子下一个单词的可能性；而如果是判断句子的情感，就只需要在最后给出一个输出。

训练 RNN 的标准算法是 Backpropagation Through Time（BPTT）算法，感兴趣的同学可阅读参考文献［8］。RNN 训练过程中存在的主要问题是梯度消失问题，在沿时间向后传递的过程中，需要对每个时间点的状态进行求导，每次求导中都会给导数乘一个小于 1 的矩阵，当时间较为久远时，梯度就会近似为零，导致无法最小化代价函数。梯度消失的问题不局限于 RNN，在多数深度前向神经网络中都会遇到这个问题。RNN 在实际应用中最常用的 RNN 模型是长短时记忆网络（Long Short Memory Networks，LSTM）[9]。相对于 RNN，LSTM 最大的优点是很好地克服了梯度消失的问题，使网络可以记录更“久远”的信息。LSTM 最初由 Hochreiter 于 1997 年提出，LSTM 模型通过 3 个特别设计的“门”来控制隐含状态的改变，包括输入门、输出门和遗忘门。图 3.16 展示了 LSTM 模型。和 RNN 相似，LSTM 的输入也是序列，$\boldsymbol{x}_t$ 表示 t 时刻的输入，$\boldsymbol{h}_t$ 表示 t 时刻的输出，3 个门函数会同时接收 $\boldsymbol{x}_t$ 和 $\boldsymbol{h}_{t-1}$ 为输入。输入门决定了输入向量对隐藏状态的影响程度，遗忘门决定了上一刻隐藏状态对此时隐藏状态的影响程度，输出门决定了隐藏状态对输出向量的影响。图 3.16 中的 Cell 表示保存隐藏状态的神经元。另外，LSTM 的门控函数还受到隐藏状态的控制，如图 3.16 中的虚线箭头所示。本节介绍的 LSTM 模型的表达式中包含隐藏状态对门控函数的影响。

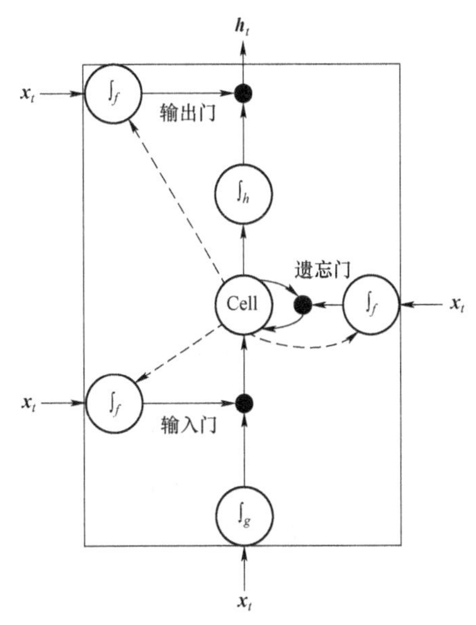

图 3.16　LSTM 模型

LSTM 的前向传播函数如下：

$$
\begin{aligned}
\boldsymbol{i}_t &= \sigma(\boldsymbol{W}_{xi}\boldsymbol{x}_t + \boldsymbol{W}_{hi}\boldsymbol{h}_{t-1} + \boldsymbol{W}_{ci} \circ \boldsymbol{c}_{t-1} + \boldsymbol{b}_i) \\
\boldsymbol{f}_t &= \sigma(\boldsymbol{W}_{xf}x_t + \boldsymbol{W}_{hf}\boldsymbol{h}_{t-1} + \boldsymbol{W}_{cf} \circ \boldsymbol{c}_{t-1} + \boldsymbol{b}_f) \\
\boldsymbol{c}_t &= \boldsymbol{f}_t \circ \boldsymbol{c}_{t-1} + \boldsymbol{i}_t \circ \tanh(\boldsymbol{W}_{xc}\boldsymbol{x}_t + \boldsymbol{W}_{hc}\boldsymbol{h}_{t-1} + \boldsymbol{b}_c) \\
\boldsymbol{o}_t &= \sigma(\boldsymbol{W}_{xo}\boldsymbol{x}_t + \boldsymbol{W}_{ho}\boldsymbol{h}_{t-1} + \boldsymbol{W}_{co} \circ \boldsymbol{c}_t + \boldsymbol{b}_o) \\
\boldsymbol{h}_t &= \boldsymbol{o}_t \circ \tanh(\boldsymbol{c}_t)
\end{aligned}
$$

其中，“∘”为 Hadamard 积；$\boldsymbol{x}_t$、$\boldsymbol{c}_t$ 和 $\boldsymbol{h}_t$ 为 t 时刻 LSTM 的输入、储存单元（隐藏层）状态和输出；$\boldsymbol{i}_t$、$\boldsymbol{o}_t$ 和 $\boldsymbol{f}_t$ 是输入门、输出门、遗忘门的值；$\boldsymbol{W}$ 为权重矩阵，其下标指示了该矩阵连接的变量，如 $\boldsymbol{W}_{xi}$ 为输入门到状态的权重矩阵；$\boldsymbol{b}$ 为门的偏置。以上的等式看上去很复杂，但实际上并不难理解，关键在于理解式子的整体含义。

LSTM 可以理解为用一种改进的方式计算隐藏层状态。在普通 RNN 中，利用 $\boldsymbol{s}_t = f(\boldsymbol{U}\boldsymbol{x}_t + \boldsymbol{W}\boldsymbol{s}_{t-1})$ 计算隐藏层状态，该隐藏节点的输入包括当前的输入 $\boldsymbol{x}_t$ 和上一时刻的隐藏层状态 $\boldsymbol{s}_{t-1}$，隐藏节点的输出就是 $\boldsymbol{s}_t$。LSTM 实际上也是在用一种改进的方式完成一样的事情，LSTM 不再用全部的 $\boldsymbol{x}_t$、$\boldsymbol{s}_{t-1}$ 来计算 $\boldsymbol{s}_t$，而是通过 3 个门函数来选择一部分 $\boldsymbol{x}_t$、$\boldsymbol{s}_{t-1}$ 并计算 $\boldsymbol{s}_t$。对 LSTM 前向传播函数的理解关键点包括：

第一，$\boldsymbol{i}_t$、$\boldsymbol{o}_t$ 和 $\boldsymbol{f}_t$ 分别是输入门、输出门、遗忘门的值，它们的表达式形式相同，只是参数不同，称其为门函数。之所以将它们称为门函数，是因为 Sigmoid 函数将它们的输出值压缩在 0～1，表示一个变量通过这个门的时候可以由多少比例的值通过。输入门 $\boldsymbol{i}_t$ 决定了 $\tanh(\boldsymbol{W}_{xc}\boldsymbol{x}_t+\boldsymbol{W}_{hc}\boldsymbol{h}_{t-1}+\boldsymbol{b}_c)$ 对隐藏状态 $\boldsymbol{c}_t$ 的影响程度；输出门 $\boldsymbol{o}_t$ 决定了 $\tanh(\boldsymbol{c}_t)$ 对输出值 $\boldsymbol{h}_t$ 的影响程度；遗忘门决定了上时刻隐藏状态 $\boldsymbol{c}_{t-1}$ 对此刻隐藏状态 $\boldsymbol{c}_t$ 的影响程度。

第二，$\boldsymbol{c}_t$ 为当前时刻的隐藏状态，也称为存储单元状态。$\boldsymbol{c}_t$ 由通过遗忘门后的 $\boldsymbol{c}_{t-1}$ 和通过输入门后的 $\tanh(\boldsymbol{W}_{xc}\boldsymbol{x}_t+\boldsymbol{W}_{hc}\boldsymbol{h}_{t-1}+\boldsymbol{b}_c)$ 组成，直观上可以理解为按照一定的比例结合了上一时刻的隐藏状态和当前输入。

第三，对于计算得到的隐藏状态 $\boldsymbol{c}_t$，它通过输出门后的值就是整个网络的输出。LSTM 的训练方法仍为 BPTT 算法。

下面利用 Keras 工具包来实现 RNN 模型计算加法。本实验参考 Keras 深度学习库的示例程序。在本节中，解决的问题如下：

给定两个 3 位及 3 位以下的整数加法算式，如“535＋61”“878＋768”，加法算式以字符串形式给出，字符串长度为 7 个字符，若算式本身长度小于 7，则用空格补齐，如“535＋61”前包含一个空格。我们的任务是，将表示加法算式的字符串作为 RNN 的输入，训练网络使得 RNN 可以计算加法。

对于实验中训练集的构造和对算式字符的 one–hot 编码，这里不再赘述，读者可根据代码自己学习。下面介绍使用 Keras 来构造 LSTM 模型的关键代码的方法：

```
model = Sequential ()
model.add (RNN (HIDDEN_SIZE, input_shape =  (MAXLEN, len (chars))))
model.add (layers.RepeatVector (DIGITS + 1))
model.add (RNN (HIDDEN_SIZE, return_sequences = True))
model.add (layers.TimeDistributed (layers.Dense (len (chars))))
model.add (layers.Activation ('softmax'))
```

首先，model＝Sequential（）定义了模型 model 的类型为序列模型；然后增加一层 RNN 网络作为输入层，输入为字符串 one–hot 编码向量，输出为隐藏层状态，其中 HIDDEN_SIZE 表示隐藏层状态向量的维度，RNN 的输入向量大小为（MAXLEN，len（chars））；model.add（layers.RepeatVector（DIGITS＋1））表示添加一个 RepeatVector 将输入重复（DIGITS＋1），这一行代码实现对 RNN 每个时间点重复输入最新的隐含层状态向量；再增加一个 RNN 层，return_sequences＝True 表示输出仍为一个序列，以及对于 RNN 的每一个时间步，都有一个输出；model.add（layers.TimeDistributed（layers.Dense（len（chars））））表示对每一个时间步都添加一个全连接层，并且设置激活函数为 softmax 函数。

RNN 训练过程如图 3.17 所示。图中 acc 和 val_acc 分别表示训练集和交叉验证集的计算准确度，loss 和 val_loss 分别表示训练集和交叉验证集的损失函数。从图中可以看出，在经过 200 次训练后，验证集的算式函数下降到 10^{-2}，正确率接近于 1。

该实验的主要功能是展示如何利用 Keras 库实现 RNN 模型，实际应用的意义并不大，但是 RNN 及 LSTM 在语音识别、自然语言处理方面有很多有意思的项目和应用。

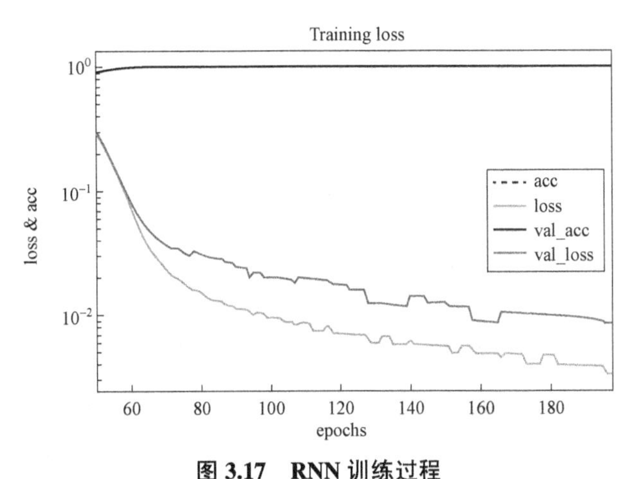

图 3.17　RNN 训练过程

3.6　生成对抗网络

3.6.1　简介

目前深度学习领域可以分为两大类。其中一个是用于检测识别，如分类模型、目标识别等。目前几乎所有的网络都是基于识别的，如各种结构的 CNN 模型。另一种是生成模型，应用在图像领域即是用来解决如何使用一些数据生成图像的问题。当拥有大量的数据，如图像、语音、文本等时，生成模型可以帮助模拟这些高维数据的分布。这一特性将促进很多应用领域的发展。尤其是对于数据量缺乏的场景，生成模型可以帮助生成数据，从而提高数据数量，进而可以利用半监督学习来提升学习效率。目前，生成模型被广泛使用的例子之一是语言模型，通过合理建模，语言模型不仅可以帮助生成语言通顺的句子，还在机器翻译、聊天对话等研究领域有着广泛的辅助应用[10]。

生成对抗网络（Generated Adversarial Network，GAN）是一种生成模型，由 Goodfellow 于 2014 年提出[11]。给定一批样本，训练一个 GAN 模型，能够生成满足相同分布的新样本。目前生成类模型主要还有深度信念网（DBN）、变分自编码器（VAE）。而某种程度上，在生成能力上，GAN 远远超过 DBN、VAE。经过改进后的 GAN 足以生成以假乱真的图像。接下来将首先介绍 GAN 的原理，另外，还将会详细给出基于 Python 语言的 GAN 生成图像的 Tensorflow 实现。

GAN 的基本原理其实很简单，以生成图片为例进行说明。GAN 结构由两个网络组成：生成器（Generator，G）和鉴别器（Discriminator，D）。它们的名称便揭示了其功能，具体说明如下：

生成器是一个用于生成图片的网络，利用输入的随机噪声信号 z，便可生成图片。更普遍地，它通过对抗训练后能学习到真实的样本分布，然后使用随机向量生成相似的样本。

鉴别器是一个判别网络，即一个二分类器，用来鉴别输入的数据是来自生成的样本还是真实的训练集样本。以图像领域为例，鉴别器则是用来判别输入图片 x 是不是真实的样本，其输出 $D(x)$表示输入图片 x 是真实图片的概率。$D(x)=1$ 表示输入图片是真实样本图片，$D(x)=0$ 表示不是真实图片。其结构如图 3.18 所示。

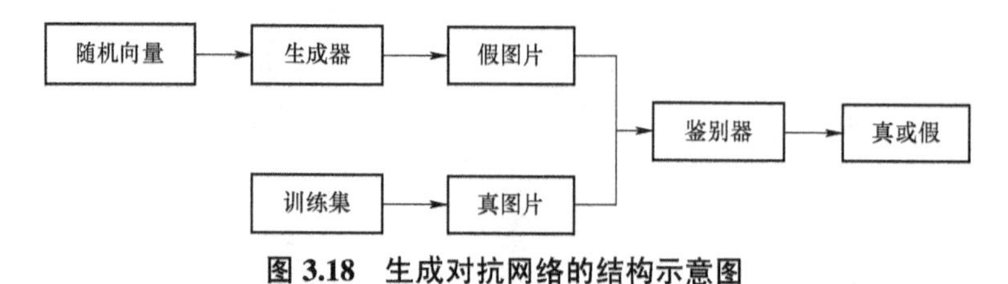

图 3.18　生成对抗网络的结构示意图

生成对抗网络的训练过程是个二元极最大最小博弈过程，这是区别于传统神经网络训练过程的最大不同。尤其是生成器的训练方法，生成器参数的更新来自 D 的反传梯度，最后达到一种纳什均衡（使用博弈理论分析技术可证明）。还是以图片为例，生成网络 G 的训练目标就是尽量生成真实的图片来混淆和欺骗判别网络 D。而 D 的训练目标就是要把 G 生成的图片和真实的样本图片区别开来。这样，G 和 D 构成了一个动态的博弈过程。在最理想的状态下，最后博弈的结果是 G 被训练得能够生成足以“以假乱真”的图片。同时，D 难以将 G 生成的图片和真实的样本图片区分开来，即难以判定 G 生成的图片究竟是不是真实的，因此 $D(G(z))=0.5$。此时，便得到了一个可用来生成样本图片的生成模型 G。

更一般地来说，对抗式的训练过程中所用的评价函数如下所示，实际上是一个交叉熵：

$$\min_G \max_D V(D,G)=E_{x\sim p_{\text{data}}(x)}[\lg D(x)]+E_{z\sim p_z(z)}[\lg(1-D(G(z)))]$$

式中，x 表示真实图片；z 表示输入 G 网络的噪声；$G(z)$表示 G 网络生成的图片；$D(x)$表示 D 网络判断真实图片是否真实的概率；$D(G(z))$是 D 网络判断 G 生成的图片是否真实的概率。因为 x 就是真实的，所以对于 D 来说，这个值越接近 1 越好。

生成器和判别器同时进行训练，给定当前生成器，训练判别器时，最大化评价函数；然后，固定判别器而训练生成器时，最小化评价函数。具体来说，G 的训练目的是自己生成的图片“越真实越好”，即 G 希望 $D(G(z))$尽可能大，这时评价函数 $V(D,G)$的变化趋势应该尽可能小，因此其前面的标记为 $\min_G$ 。另外，D 的目的是使自己的判别能力增强，即 $D(x)$ 增大且 $D(G(x))$变小。这时 $V(D,G)$会变大，因此对于 D 的训练过程来说，即最大化评价函数，因此标记为 $\max_D$ 。

两个网络的训练过程均可以通过反向传播方法实现。生成对抗网络的目的是通过两者互博改进自己的结构，直到生成模型把噪声型号转化成和训练集样本类似的样本，且判别器 D 很难判断输入样本是真实数据还是虚假数据[12]。

用随机梯度法训练 GAN 的具体过程见表 3.2。

表 3.2　随机梯度法训练 GAN

用随机梯度法训练 GAN，N 为最大迭代次数，M 和 K 均为常数。
① 取 M 个随机向量，M 个真实样本。 ② 通过随机梯度上升法更新判别器 D 的参数： $\nabla_{\theta_d} \frac{1}{m}\sum_{i=1}^{m}\{\lg D(x^{(i)})+\lg[1-D(G(z^{(i)}))]\}$ ③ 重复上述① 和② 过程 K 次。 ④ 取 M 个随机向量。 ⑤ 通过随机梯度下降法更新判别器 G 的参数： $\nabla_{\theta_d} \frac{1}{m}\sum_{i=1}^{m}\lg[1-D(G(z^{(i)}))]$ ⑥ 重复上述① ～⑤ 步 N 次，直到满足训练终止条件。

训练过程中需要注意的是，在迭代次数范围内，首先对 z 和 x 采样一个批次，获得它们的数据分布，然后通过随机梯度下降的方法先对 D 做 k 次更新，之后对 G 做一次更新，这样做的主要目的是保证 D 一直有足够的能力去分辨真假。实际在代码中可能会多更新几次 G、只更新一次 D，否则，D 学习得太好，会导致训练前期发生梯度消失的问题。

3.6.2　GAN 的改进

GAN 在无监督学习上十分有效，但是原始的 GAN 往往会出现训练不稳定的情况。这是由于在原始 GAN 结构里，其评价函数为 JS 散度，是不连续的，这会导致判别器在训练过程中易饱和而出现梯度消失现象。因此，Martin Arjovsky 提出了 Wasserstein Generated Adversarial Network（WGAN），其将用 Wasserstein 距离代替 JS 散度来度量两个分布的差距，此时评价函数值的大小将与生成样本质量的好坏相关，因此更有助于判断生成样本质量。此外，Wasserstein 距离是连续的，这将使整个训练过程更加稳定，同时也降低了对整个网络结构及训练技巧的要求。

此外，Auxiliary Classifier Generated Adversarial Network（ACGAN）在原始 GAN 结构上添加了真实样本的标签信息，从而使训练更有针对性，生成的样本效果更好。

最小二乘生成对抗网络（Least Square Generated Adversarial Network，LSGAN）采用与最初 GAN 不同的损失函数，其判别器中采用了最小平方损失函数[12, 13]。

由于在深度学习的众多模型结构中，最擅长图像处理的网络结构是卷积神经网络（CNN），那么将 CNN 与 GAN 相结合便是 DCGAN，以应用于图片、视觉等领域。其原理与 GAN 一致，只是在结构上把生成器 G 和判别器 D 固定为 CNN，并且为了提高样本的质量和收敛的速度，在 DCGAN 中，对 CNN 的结构做了一些改变。例如，取消所有 pooling 层；在 D 和 G 中均使用 batch normalization；去掉全连接层，从而使网络成为全卷积网络；生成器网络 D 中使用 ReLU 作为激活函数，仅最后一层使用 tanh；判别器网络 D 中使用 Leaky ReLU 作为激活函数等[14]。

3.6.3 生成对抗网络在 Mnist 数据集上的应用

生成对抗网络取得的成果很多，目前在生成数字和生成人脸图像方面的效果非常好。本节将简单介绍下如何在 Keras 深度学习平台上使用 ACGAN 模型基于手写数字数据集 Mnist 来生成数字 3 的图片。Keras 是一个常用的基于 Python 语言的深度学习库。Mnist 数据集来自美国国家标准与技术研究所，训练集包括 60 000 个手写数字图片及对应标签，测试集包括 10 000 个样本，最终训练完成的生成样本如图 3.19 所示。

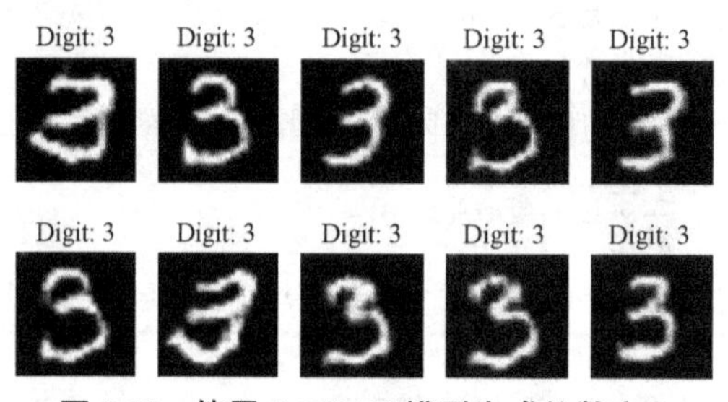

图 3.19 使用 ACGAN 模型生成的数字 3

按照表 3.2 中的代码流程所示，给出 Python 代码（见附录）。

参 考 文 献

[1] Arbib M A . Brains, machines, and mathematics [J]. Journal of Medical Education, 1987, 39(9).

[2] Haykin S . 神经网络与机器学习[M]. 北京：机械工业出版社，2011.

[3] Rosenblatt F. The perceptron: A probabilistic model for information storage and organization in the brain [J]. Psychological Review, 1958, 65(6):386-408.

[4] Hechtnielsen R. Counterpropagation networks[J]. Applied Optics, 1987, 26(23):4979-83.

[5] 李航. 统计学习方法[M]. 北京：清华大学出版社, 2012.

[6] Widrow B, Lehr M A. 30 years of adaptive neural networks: perceptron, madaline, and backpropagation [J]. Proceedings of the IEEE, 1990, 78 (9):1415-1442.

[7] Hinton G E . Training products of experts by minimizing contrastive divergence[J]. Neural Computation, 2002, 14(8):1771-1800.

[8] Denny B. Recurrent Neural Networks Tutorial [EB/OL]. Available: http: //www.wildml.com/2015/10/recurrent−neural−networks−tutorial−part−3−backpropagation−through−time−and−vanishing−gradients/.

[9] Graves A . Long Short-Term Memory[M]. Springer Berlin Heidelberg, 2012.

[10] 贾加. 基于条件生成网络的图像转换算法研究[J]. 电脑编程技巧与维护，2017(20)：90-91，94.

[11] Goodfellow I J, Pouget-Abadie J, Mirza M, et al. Generative Adversarial Nets[C]. International

Conference on Neural Information Processing Systems，MIT Press, 2014: 2672-2680.

[12] 李嘉璇. TensorFlow 技术解析与实战[M]. 北京：人民邮电出版社，2017.

[13] Mao X, Li Q, Xie H, et al. Least squares generative adversarial networks[C]. Proceedings of the IEEE International Conference on Computer Vision, 2017: 2794-2802.

[14] 洪洋，葛振华，王纪凯，等. 深度卷积对抗生成网络综述[C]. 第 18 届中国系统仿真技术及其应用学术年会论文集（18th CCSSTA 2017），2017.

第 4 章
不确定信息处理

经典数学是一种模仿人脑的思维方式对问题进行逻辑处理的工具，模糊数学是一种模仿人脑的思维方式对模糊信息进行模糊逻辑处理的工具，粗糙集是一种处理不完整及不精确信息的方法，而可拓集是一种辩证逻辑和形式逻辑相结合的可拓逻辑，同时也是对传统逻辑、模糊逻辑的开拓。

4.1　模糊信息处理

4.1.1　概述与基本原理

一、概述

1965 年，美国加州伯克利大学教授 Zadeh 在一篇名为“模糊集合”（Fuzzy set）的论文中指出，模糊理论是一门模仿人类思考，处理存在于所有物理系统中的不精确本质的数字控制方法学[1]。模糊理论认为，人类的思考逻辑具有模糊性，而这种模糊逻辑使得在条件和资料不明确的情况下，仍然可以做出较好的判断，而现代电脑是两极逻辑（非 0 即 1），这和人类思考方式完全不同，因此模糊逻辑理论提出用 0 与 1 之间的数值来表示研究对象模糊概念的程度，又被称为“隶属度函数”（membership function）。通过引入隶属度函数，可以将人类的主观判断数值化，使研究结果更能符合人类思考模式。

二、模糊集合

1. 普通集合

（1）集合

若给定一个论域，那么论域中具有某种相同属性的元素组成的总体称为集合。

（2）集合的运算

集合的常用运算包括交（$\cap$）、并（$\cup$）、补。

（3）特征函数

对于论域 E 上的集合 A 和元素 x，如有以下函数：

$$\mu_A(x)=\begin{cases}1, & x\in A\\0, & x\notin A\end{cases}$$

则称 $\mu_A(x)$ 为集合A的特征函数 。

2. 模糊集合

在一般的集合中，论域中的元素（a）与集合（A）之间的关系一般有两种：一是属于，数学形式可表示为$a \in A$；二是不属于，数学形式可表示为$a \notin A$。这是一种清楚的概念，但在实际生活中，很多事情之间的逻辑关系并不是非常明确的，如图 4.1 所示。

图 4.1　生活中常见的逻辑关系

在模糊数学中，把没有边界、不明确的集合称为模糊集合[2]。这里用隶属度或模糊度表示某个元素属于一个模糊集合的程度，那么隶属度一定是[0, 1]闭区间上的一个数，并且其值越大，就表示该元素属于模糊集合的程度越高，或者说属于该模糊集合的可能性越大；反之，隶属度值越小，表明该元素属于该模糊集合的可能性越小。为了计算这种隶属度，引入了隶属函数，这里用 $\mu_A(x)$ 来表示模糊集合 A 的隶属函数，若论域中的元素用 x_i 表示，则 $\mu_A(x_i)$ 称为 x_i 属于 A 的隶属度。

3. 模糊集合的表示

设论域为有限集，$U=\{x_1,x_2,\cdots,x_n\}$，常用以下几种方法表示：

（1）Zadeh 表示法

$$A=[\mu_A(x_1)\ ,\mu_A(x_2),\ \cdots,\mu_A(x_n)]$$

（2）向量表示法

$$A=\frac{\mu_A(x_1)}{x_1}+\frac{\mu_A(x_2)}{x_2}+\cdots+\frac{\mu_A(x_n)}{x_n}$$

（3）序偶表示法

$$A=\{(x_1,\mu_A(x_1))\ ,(x_2,\mu_A(x_2))\ ,\ \cdots,\ (x_n,\mu_A(x_n))\}$$

（4）单点表示法，称 $\mu_A(x)/x$ 为单点。

（5）隶属函数的解析式

例如，Zadeh 给出的计算老年人模糊集合 O 的隶属度函数为：

$$\mu_O(u)=\begin{cases}0, & 0\leqslant u\leqslant 50\\ \dfrac{1}{1+\left(\dfrac{5}{u-50}\right)^2}, & 50<u\leqslant 200\end{cases}$$

4. 常见运算

设论域 U 上的两个模糊子集为 A 和 B，它们之间的交、并、补运算定义如下：

（1）包含或子集

$$A \subseteq B \leftrightarrow \mu_A(x) \leqslant \mu_B(x)$$

（2）交（合取）

$$C = A \cap B$$
$$\mu_C = \min\{\mu_A(x), \mu_B(x)\} = \mu_A(x) \wedge \mu_B(x)$$

（3）并（析取）

$$C = A \cup B$$
$$\mu_C = \max\{\mu_A(x), \mu_B(x)\} = \mu_A(x) \vee \mu_B(x)$$

（4）补（负）

$$\overline{A},\ -A\text{或非}A$$
$$\mu_{\overline{A}}(x) = 1 - \mu_A(x)$$

5. 隶属度及隶属度函数的确定

（1）模糊统计法

针对不同的对象进行调查统计，统计出论域 U 上一个确定元素 u_0 是否属于论域上的一个边界不固定的普通集合 A，然后再根据模糊统计规律计算出 u_0 的隶属度。按此法求出各元素的隶属度，就可得出隶属度曲线。

（2）二元对比排序法

（3）评分法（专家评分直接给出隶属函数）

（4）范例法

（5）其他

6. 常见的隶属函数

（1）三角形隶属函数（图 4.2）

$$f(x) = \begin{cases} 0, & x < a \\ \dfrac{x-a}{b-a}, & a \leqslant x \leqslant b \\ \dfrac{c-x}{c-\mathrm{b}}, & b < x \leqslant c \\ 0, & c < x \end{cases}$$

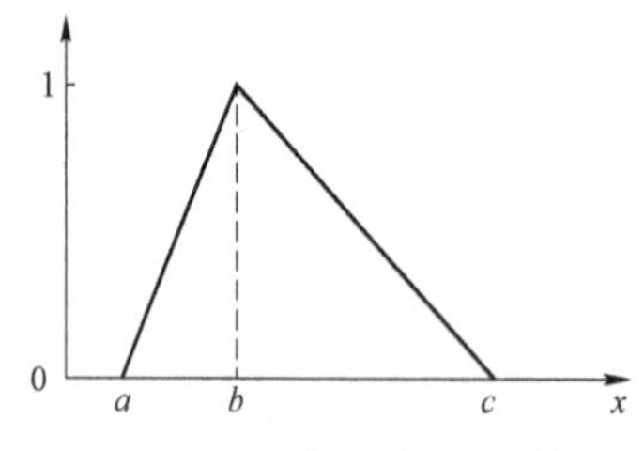

图 4.2　三角形隶属函数

（2）梯形隶属函数（图 4.3）

$$f(x)=\begin{cases}0, & x<a\\ \dfrac{x-a}{b-a}, & a\leqslant x\leqslant b\\ 1, & b<x\leqslant c\\ \dfrac{d-x}{d-c}, & c<x\leqslant d\\ 0, & d<x\end{cases}$$

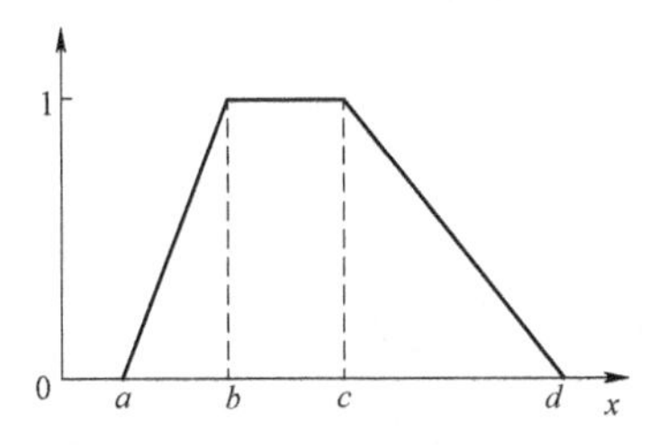

图 4.3　梯形隶属函数

（3）高斯形隶属函数（图 4.4）

$$f(x)=\mathrm{e}^{-\frac{(x-c)^2}{a^2}}$$

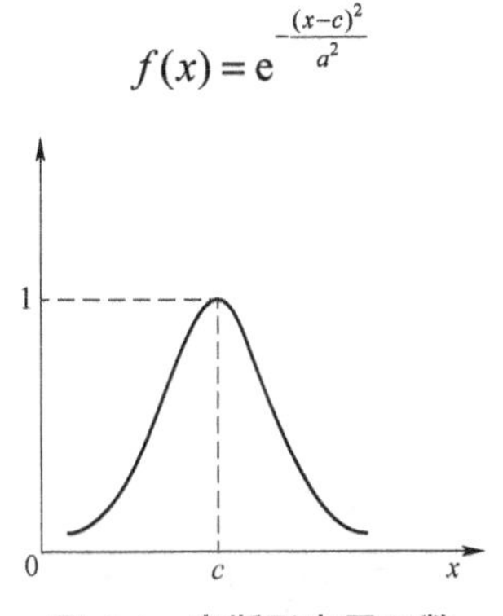

图 4.4　高斯形隶属函数

三、模糊关系

1. 集合的直积

设 A 是论域 U 上的集合，集合 B 是论域 V 上的集合，元素 a 属于集合 A，即 $a\in A$，元素 b 属于集合 B，即 $b\in B$，那么由元素 a、b 组成的序偶（a，b）的集合，称为 A 与 B 的笛卡儿积，也叫直积，记作 $A\times B$，即：

$$A\times B=\{(a,b)\ \ |a\in A,b\in B\}$$

$$A\times B\neq B\times A$$

2. 模糊关系

设 X、Y 是两个非空集合，以直积 $X\times Y$ 作为论域定义的模糊集合 $\boldsymbol{R}$ 称为 X 和 Y 的模糊关系，记为 $\boldsymbol{R}_{X\times Y}$。

① 隶属函数 $\mu_{\boldsymbol{R}}(x, y)$能够完全刻画出模糊关系 $\boldsymbol{R}_{X\times Y}$，其中 $\mu_{\boldsymbol{R}}(x, y)$代表集合 X 中的元素

x 和集合 Y 中的元素 y 具有关系的程度。

② 若 X 和 Y 均为有限离散集合，这里假设 $X=\{x_1, x_2,\cdots, x_n\}$，$Y=\{y_1, y_2,\cdots, y_m\}$，则 X 和 Y 的模糊关系 $\boldsymbol{R}_{X\times Y}$ 可用 $n\times m$ 阶矩阵表示，即：

$$\boldsymbol{R}=\begin{bmatrix}\mu_{\boldsymbol{R}}(x_1,y_1) & \mu_{\boldsymbol{R}}(x_1,y_2) & \cdots & \mu_{\boldsymbol{R}}(x_1,y_m)\\ \mu_{\boldsymbol{R}}(x_2,y_1) & \mu_{\boldsymbol{R}}(x_2,y_2) & \cdots & \mu_{\boldsymbol{R}}(x_2,y_m)\\ \vdots & \vdots & & \vdots\\ \mu_{\boldsymbol{R}}(x_n,y_1) & \mu_{\boldsymbol{R}}(x_n,y_2) & \cdots & \mu_{\boldsymbol{R}}(x_n,y_m)\end{bmatrix}$$

这样的矩阵称为模糊矩阵（论域为直积 $X\times Y$ 的模糊集合）。

3. 模糊关系的合成

设 $\boldsymbol{R}_1$ 是 X 和 Y 的模糊关系，$\boldsymbol{R}_2$ 是 Y 和 Z 的模糊关系，那么 $\boldsymbol{R}_1$ 和 $\boldsymbol{R}_2$ 的合成 $\boldsymbol{R}_1\circ\boldsymbol{R}_2$ 指 $X\times Z$ 上的一个模糊关系，其隶属函数为：

$$\mu_{\boldsymbol{R}_1\circ\boldsymbol{R}_2}(x,z)=\bigvee_{y\in Y}(\mu_{\boldsymbol{R}_1}(x,y)\wedge\mu_{\boldsymbol{R}_2}(y,z))$$

式中，“$\vee$”表示取大运算；“$\wedge$”表示取小运算。因此上式又称为取大–取小合成。当论域 X、Y、Z 为有限集时，可用模糊矩阵的合成来表示模糊关系的合成。设 $\boldsymbol{Q}$ 和 $\boldsymbol{R}$ 均是模糊矩阵，那么它们的合成记为 $\boldsymbol{Q}\circ\boldsymbol{R}$，合成后是一个具有 n 行 l 列的模糊矩阵 $\boldsymbol{S}$，记 s_{ik} 为 $\boldsymbol{S}$ 的第 i 行第 k 列的元素，那么它等于 $\boldsymbol{Q}$ 的第 i 行元素与 $\boldsymbol{R}$ 的第 k 列对应元素按照顺序两两取小，然后在所得的结果中取较大者，即：

$$s_{ik}=\bigvee_{j=1}^{m}(q_{ij}\wedge r_{jk})_{n\times l},\qquad 1\leqslant i\leqslant n,1\leqslant k\leqslant l$$

模糊矩阵的合成与线性代数中的矩阵乘积相似，只是把普通矩阵乘运算中对应的元素之间的“乘”用取小运算“$\wedge$”来代替，而元素间的“加”用取大运算“$\vee$”来代替。模糊矩阵的合成如下所示：

$$\boldsymbol{A}=\left[a_{ij}\right]\quad \boldsymbol{B}=\left[b_{ij}\right]$$

$$\boldsymbol{C}=\boldsymbol{A}\circ\boldsymbol{B}\Leftrightarrow c_{ij}=\max_k\min\left[a_{ik},b_{kj}\right]=\bigvee_k\left[a_{ik}\wedge b_{kj}\right]$$

$$\boldsymbol{A}=\begin{bmatrix}a_{11} & a_{12}\\ a_{21} & a_{22}\end{bmatrix},\qquad \boldsymbol{B}=\begin{bmatrix}b_{11} & b_{12}\\ b_{21} & b_{22}\end{bmatrix}$$

则

$$\boldsymbol{A}\circ\boldsymbol{B}=\begin{bmatrix}(a_{11}\wedge b_{11})\vee(a_{12}\wedge b_{21}) & (a_{11}\wedge b_{12})\vee(a_{12}\wedge b_{22})\\ (a_{21}\wedge b_{11})\vee(a_{22}\wedge b_{21}) & (a_{21}\wedge b_{12})\vee(a_{22}\wedge b_{22})\end{bmatrix}$$

设

$$\boldsymbol{A}=\begin{bmatrix}0.8 & 0.7\\ 0.5 & 0.3\end{bmatrix},\qquad \boldsymbol{B}=\begin{bmatrix}0.2 & 0.4\\ 0.6 & 0.9\end{bmatrix}$$

$$\boldsymbol{A}\circ\boldsymbol{B}=\begin{bmatrix}(0.8\wedge 0.2)\vee(0.7\wedge 0.6) & (0.8\wedge 0.4)\vee(0.7\wedge 0.9)\\ (0.5\wedge 0.2)\vee(0.3\wedge 0.6) & (0.5\wedge 0.4)\vee(0.3\wedge 0.9)\end{bmatrix}$$

$$=\begin{bmatrix}0.6 & 0.7\\ 0.3 & 0.4\end{bmatrix}$$

4.1.2　模糊推理

一、模糊推理

设 $\boldsymbol{A}$ 为论域 X 上的模糊集合，$\boldsymbol{B}$ 为论域 Y 上的模糊集合，则 $\boldsymbol{A}$ 对 $\boldsymbol{B}$ 的直积定义为：

$$\boldsymbol{A}\times\boldsymbol{B}=\boldsymbol{A}^{\mathrm{T}}\circ\boldsymbol{B}$$

下面的表达式表示了 3 个模糊集合的直积：

$$\boldsymbol{A}\times\boldsymbol{B}\times\boldsymbol{C}=(\boldsymbol{A}\times\boldsymbol{B})\times\boldsymbol{C}=(\boldsymbol{A}\times\boldsymbol{B})^{\mathrm{L}}\circ\boldsymbol{C}$$

其中，L 运算表示将括号内的矩阵按行写成 $m\times n$ 维列向量。

1. 模糊集合的直积

$$\boldsymbol{A}=\begin{bmatrix}0.1 & 0.8 & 0.5\end{bmatrix}\quad \boldsymbol{B}=\begin{bmatrix}0.8 & 0.2\end{bmatrix}\quad \boldsymbol{C}=\begin{bmatrix}0.9 & 0.4\end{bmatrix}$$

$$\boldsymbol{A}\times\boldsymbol{B}=\boldsymbol{A}^{\mathrm{T}}\circ\boldsymbol{B}=\begin{bmatrix}0.1\\0.8\\0.5\end{bmatrix}\circ\begin{bmatrix}0.8 & 0.2\end{bmatrix}=\begin{bmatrix}0.1 & 0.1\\0.8 & 0.2\\0.5 & 0.2\end{bmatrix}$$

$$\boldsymbol{A}\times\boldsymbol{B}\times\boldsymbol{C}=(\boldsymbol{A}\times\boldsymbol{B})^{\mathrm{L}}\circ\boldsymbol{C}=\begin{bmatrix}0.1\\0.1\\0.8\\0.2\\0.5\\0.2\end{bmatrix}\circ\begin{bmatrix}0.9 & 0.4\end{bmatrix}=\begin{bmatrix}0.1 & 0.1\\0.1 & 0.1\\0.8 & 0.4\\0.2 & 0.2\\0.5 & 0.4\\0.2 & 0.2\end{bmatrix}$$

2. 语气算子和连接词及否定词的隶属度函数

如“极”“非常”“相当”“比较”“略”“稍微”这些词作为前缀放在词或词组的前面，可以调整语义的肯定程度，即增强或减弱语气，所以这些词也被称作语气算子。其中增强语气的词叫作集中化算子，减弱语气的词叫作散漫化算子。它们的隶属度函数如下：

① 集中化算子：

$$\mu_{\text{极}A}=\mu_A^4$$

$$\mu_{\text{非常}A}=\mu_A^2$$

$$\mu_{\text{相当}A}=\mu_A^{1.25}$$

② 散漫化算子：

$$\mu_{\text{比较}A}=\mu_A^{0.75}$$

$$\mu_{\text{略}A}=\mu_A^{0.5}$$

$$\mu_{\text{稍微}A}=\mu_A^{0.25}$$

否定词和连接词共有 3 个：“与”“或”“非”，这些词是人们在表达事物之间关系的时候的常用词。为进行模糊数学的运算，定义其隶属函数如下：

①“与”的隶属函数：

$$\mu_{A\cap B}=\min\{\mu_A,\mu_B\}=\mu_A\wedge\mu_B$$

②“或”的隶属函数：

$$\mu_{A\cup B}=\max\{\mu_A,\mu_B\}=\mu_A\vee\mu_B$$

③“非”的隶属函数：

$$\mu_{\overline{A}}=1-\mu_A$$

3. 模糊条件语句

三种普通条件语句如下：

① if 条件 then 语句

② if 条件 then 语句 1 else 语句 2

③ if 条件 1 and 条件 2 then 语句

模糊条件语句简记形式如下：

① if A then B

② if A then B else C

③ if A and B then C

（1）if A then B

设集合 $\boldsymbol{A}$ 是论域 X 上的一个模糊集合，集合 $\boldsymbol{B}$ 是论域 Y 上的模糊集合，它们的隶属函数分为记为 $\mu_A(x)$ 和 $\mu_B(y)$，这里用 $\boldsymbol{R}_{A\to B}$ 来描述 $X\times Y$ 论域上的模糊条件语句：if A then B，其隶属函数如下所示：

$$\mu_R=\left[\mu_A(x)\wedge\mu_B(y)\right]\vee\left[1-\mu_A(x)\right]$$

对上式模糊关系，可用模糊关系矩阵表示为：

$$\boldsymbol{R}_{A\to B}=(\boldsymbol{A}\times\boldsymbol{B})\cup(\overline{\boldsymbol{A}}\times\boldsymbol{E})$$

其中，$\boldsymbol{E}$ 为全 1 矩阵，相应的模糊推理为：

$$\boldsymbol{B}'=\boldsymbol{A}'\circ\boldsymbol{R}_{A\to B}$$

（2）if A then B else C

设模糊集合 $\boldsymbol{A}$ 的论域是 X，$\boldsymbol{B}$ 和 $\boldsymbol{C}$ 的论域是 Y，其隶属函数分别 $\mu_A(x)$、$\mu_B(y)$、$\mu_C(y)$，则由“if A then B else C”条件语句所决定的在 $X\times Y$ 上的模糊关系 $\boldsymbol{R}$ 为：

$$\boldsymbol{R}=(\boldsymbol{A}\times\boldsymbol{B})\cup(\overline{\boldsymbol{A}}\times\boldsymbol{C})$$

相应的模糊推理为：

$$\boldsymbol{B}'=\boldsymbol{A}'\circ\boldsymbol{R}$$

（3）if A and B then C

设模糊集合 $\boldsymbol{A}$、$\boldsymbol{B}$、$\boldsymbol{C}$ 的论域分别是 X、Y、Z，其隶属函数分别为 $\mu_A(x)$、$\mu_B(y)$、$\mu_C(y)$，则由“if A and B then C”条件语句所决定的在 $X\times Y\times Z$ 上的三元模糊关系 $\boldsymbol{R}$ 为：

$$\boldsymbol{R}=\boldsymbol{A}\times\boldsymbol{B}\times\boldsymbol{C}$$

相应的模糊推理为：

$$\boldsymbol{C}'=\left(\left(\boldsymbol{A}'\times\boldsymbol{B}'\right)^{\mathrm{L}}\right)^{\mathrm{T}}\circ\boldsymbol{R}$$

二、解模糊化

解模糊化的方法也有许多不同的模式，下面介绍几种较常使用的模式。

1. 重心法（center of gravity method）

重心法，顾名思义，即模仿求取对象重心位置的方法。求取模糊集合的“中心值”，并且用该中心值来代表整个模糊集合。这种方法最常用，也是较为合理的方法，其本质是求结果对应的阴影面积的重心，如图 4.5 所示。不过在计算上稍费功夫。

连续型：

$$y^* = \frac{\int_y yB(y)\mathrm{d}y}{\int_y B(y)\mathrm{d}y}$$

离散型：

$$y^* = \frac{\sum_{i=1}^{k} y_i B(y_i)}{\sum_{i=1}^{k} B(y_i)}$$

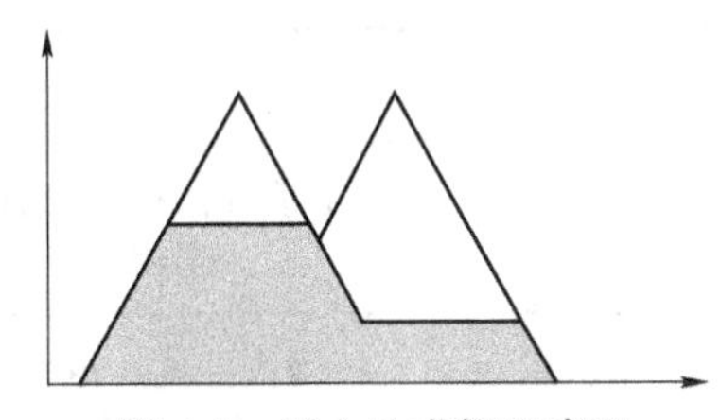

图 4.5　重心法求解示意图

2. 形心法（center of area method）

此法与重心法类似，若沿用前述的数学代号，则形心法的求解运算如下：

$$NF = \frac{\int\left[\int x * \mu(x)\mathrm{d}x\right] * x\mathrm{d}x}{\int\left[\int \mu(x)\mathrm{d}x\right]\mathrm{d}x}$$

如图 4.6 所示，归属函数为梯形模糊数，其形心 X 的求解运算如下：

$$X = \frac{|(b+d)^2 - b\times d| - |(c+a)^2 - c\times a|}{3((d-c)+(b-a))}$$

式中，c、a、b、d 为梯形模糊数的 4 个顶点，若为三角模糊数，则视 $a=b$ 即可，上式仍然可用。

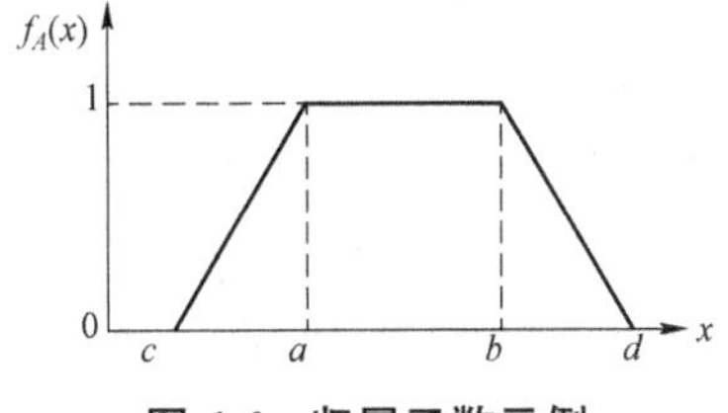

图 4.6　归属函数示例

3. 最大隶属度法（mean of maximum method）

顾名思义，此法是求取隶属度函数中隶属度值最高的元素，用此元素值作为该模糊集合的解模糊化值。因此，对于一些特殊情况，如 n 个元素对应的隶属度值相同且均为最大值的时候，即该隶属函数曲线是梯形平顶的形状。目前的方法是求这 n 个元素的平均值，并用该平均值作为原模糊集合解模糊化后的值。

例如，对于“水温适中”问题，假如元素 40 和 50 均具有最大隶属度 1.0，求该模糊集合解模糊化后的值。

这里由于不止一个元素具有最大隶属度，所以应该求平均值，即：

$$\mu_{\max} = (40 + 50)/2 = 45$$

4.1.3 主要应用

一、工程科技方面

模糊信息处理在工程科技方面的主要应用见表 4.1。

表 4.1 模糊信息处理在工程科技方面的应用

应用领域	具体应用方向
智能识别	文字识别；指纹识别；手写字体辨识；影像识别；语音识别
控制工程	机器人控制；汽车控制；家电控制；工业仪表控制；电力控制
信号及信息处理	图像处理；语音处理；资料整理；数据库管理
人工智能及专家系统	故障诊断；自然语言处理；自动翻译；地震预测；工业设计
环保	废水处理；净水处理厂工程；空气污染检验；空气质量监控
其他	建筑结构分析；化工过程控制

二、教育、社会及人文科学方面

模糊信息处理在教育、社会及人文科学方面的应用见表 4.2。

表 4.2 模糊信息处理在教育、社会及人文科学方面的应用

应用领域	具体应用方向
教育	教学成果评量；心理测验；计算机辅助教学
心理学	心理分析；性向测验
决策决定	决策支援；决策分析；多目标评价；综合评价；风险分析

4.2　可拓信息处理

4.2.1　简介

在政治、经济和军事等领域中，会遇到很多对立问题和对立系统，基于可拓学的转换桥思想是处理这类问题的有效方法。例如，深圳的皇岗有这样一座“特殊”的桥：香港出发的靠左行驶的汽车经过这座桥，自动变为靠右行驶进入大陆；大陆出发的靠右行驶的汽车经过这座桥，自动变为靠左行驶进入香港。这座桥在可拓学中被称为转换桥，其是描述对立问题的关键部分。转换桥方法在解决问题的过程中，起着十分重要的作用，要实现将对立的目标或对立的系统转换为相容的系统，就必须设置转换桥，利用转换桥这一工具可以解决很多类似的对立问题[3]。

过去，人们都是靠自然语言描述的哲学论著来研究矛盾问题的，所以能否建立一套形式化的理论和方法，使人们能够按照一定的程序得到矛盾问题的解，然后利用计算机来处理这些矛盾问题是人类社会发展到今天需要研究的一个重大的课题，这同时也是可拓学的研究目标。

一、建立问题的可拓模型

解决矛盾问题不仅要考虑数量关系，还要考虑对象和特征，通过基元可以把质与量结合起来考虑，利用三者的变换来解决问题。(称，支配对象，(大象，质量，X 斤)) *(秤，称量，200 斤①) 问题 = 目的基元*条件基元可拓模型是以基元为细胞的模型。数学模型是以数量和空间形式为对象的模型，可拓模型是数学模型的发展，数学模型是可拓模型的特例。

二、拓展分析和共轭分析

拓展分析包括发散分析、相关分析、蕴含分析、可扩分析。例如以下一些生活实例：不要吊死在一颗树上；石头、沙、水、木头、人；城门失火，殃及池鱼。

共轭分析则体现了中国传统思想中的系统关和整体论，包括虚实共轭分析、软硬共轭分析、潜显共轭分析、负正共轭分析（奇谋妙计）。例如实以为基，虚以为用；空城计（虚实）；谋交（软硬）；为什么停电？潜在用电显化，负担越来越重（潜显）；化废为利（负正）。

三、可拓变换

四类运算：积、与、或、非。

五种基本变换：置换变换、增删变换、扩缩变换、组分变换、复制变换。

传导变换：牵一发而动全身。

① 1 斤 = 0.5 kg。

4.2.2 可拓理论

一、物元理论

在客观世界中，物体是质和量的统一，量变和质变相互影响并且密不可分。经典数学侧重于从客体中抽象出它的量与形，研究数量关系与空间形式，从而撇开了事物质的方面。所以，在涉及质变换的矛盾问题中，经典数学的局限性就显露了出来。可拓论引入了物元[2]这一概念，用来描述一个既考虑了量变又兼顾质变的思维过程。可拓论把客观世界视为一个物元世界，从而巧妙地把客观世界中的矛盾问题变成物元之间的矛盾问题[3]。

1. 物元

用有序的三元组 $R=(N, c, v)$ 作为描述事物的基本元，该有序三元组可简称为物元。其中，N 表示事物，c 表示特征的名称，v 表示 N 关于 c 所取的量值，这三者称为物元的三要素。例如：

$$R=（邓方，身高，173\ \text{cm}，体重，80\ \text{kg}）$$

2. 事元

用有序的三元组 $I=(d, h, u)$ 作为描述事情的基本元，该有序三元组可简称为一维事元。其中 d 为动词，h 为特征，包括支配对象、施动对象、时间、地点、程度、方式和工具等基本特征。如果动词 d 是由 n 个特征 $h_1, h_2, \cdots, h_n$ 和相应的量值 $u_1, u_2, \cdots, u_n$ 描述的，则它应该以 n 维事元表示[3]。

3. 可拓性

对物元的基本特性进行研究是解决矛盾问题的关键，因此形成了物元理论。在解决矛盾问题的过程中，必须从原有的领域中跳出来，拓展问题中所涉及的事物，从而提出新的创造性的方法。

物元的可拓性[4]包括发散性、共轭性、相关性、蕴含性和可扩性。从事物向外、向内、平行、变通和组合分解的角度提供事物拓展的多种可能性，使之成为进行创造性思维和提出解决矛盾问题的方案的依据。

（1）物元的发散性

同一事物可以有很多特征，而同一特征、同一特征元又可以为多个事物所具备，这类性质就是物元的发散性。

因此，从同一物元出发，根据不同的规则，可以发散出不同的物元集。

性质 1：一个事物可以具有很多特征，简称一物多征。

性质 2：具有相同特征的事物有很多个，简称一征多物。

性质 3：具有相同特征元的事物有很多个，简称一特征元多物。

（2）物元的共轭性

通过对事物内部结构的研究，可以利用事物的各个部分及其关系和相互转化去解决矛盾问题。系统论从系统的组成部分和内外关系去研究事物，是对事物结构的一种描述[5]。除了系统论以外，事物的结构还可以通过对大量现实事物的分析，从物质性、对立性和动态性等角度去研究。

在事物的物质性方面，任何事物都是由虚和实这两部分构成的。例如，一栋别墅的墙壁、天花板和地板可以视为实部，但人们生活的空间却是在这些实部围成的空间即虚部中。又如一件成熟的产品，它的实体可以视为实部，而它的“牌子”却是虚部。把虚部分为主观虚部和客观虚部。例如，水杯的空间、房子的空间、大门的门洞等，都是客观虚部；而人的意识所感觉到的事物，如牌子、名声、形象等，是主观虚部。对一个事物 N，用 im$N$ 表示 N 的虚部，用 re$N$ 表示 N 的实部，因此 N 可记为 $N=\mathrm{im}N\times\mathrm{re}N$。

另外，若将 im$N$ 和 re$N$ 作为事物，那么可以用虚部物元与实部物元分别来描述虚部和实部，如 $\begin{pmatrix}\mathrm{im}N, & c_1 & v_1\\ & c_2 & v_2\\ & \vdots & \\ & c_n & v_n\end{pmatrix}$ 称为事物 N 的虚部物元。

虚实共轭性指在一定条件下，某些虚部分物元与实部分物元可以相互转化的性质。同样，从系统性、动态性和对立性进行研究，把事物的结构分别分为软部和硬部、潜部和显部、关于某特征的负部和正部，并且用物元来表示相应的共轭部，对应的可转换性分别称为软硬共轭性、潜显共轭性和负正共轭性[6]。

（3）物元的相关性

同一事物或同族事物关于某些特征的量值之间、一个事物与其他事物关于某特征的量值之间，存在着一定的依赖关系，将其称为相关[6]。

正因为相关性的存在，一个事物的量值的改变会导致与之相关的事物的变化、一个事物或一族事物关于某一特征的量值的改变会导致有关特征的量值的变化，这种改变互相传导于一个物元相关网中。因此，可以利用相关关系去处理求知问题和求行问题。

另外，物元相关网的存在，使得在进行物元变换时，必须考虑其相关物元的变化。因此，相关性是研究变换的连锁作用的根本。应用相关性与物元变换来解决求知与求行问题的方法称为相关网方法。

物元的相关性指的是事物因果关系的形式表示。相关物元构成的物元相关网和物元传导变换描述了事物变化所产生的传导作用[4]。

（4）物元的蕴含性

若 A@，则 B@，那么称 A 蕴含 B，记为 $A=>B$，符号@代表存在。A 和 B 的关系就是蕴含关系，蕴含关系可以产生于事物、特征、量值、特征元和物元间。若干元素 B_1，B_2，…，B_n 及它们之间的蕴含关系就构成了一个蕴含系统 B。

（5）物元的可扩性

物元的可扩性阐述了物元与其他物元结合和分解的可能性。

4. 物元变换

可拓论引进物元以后，可以把对事物的变换、对特征的变换和对量值的变换作为特定的运算引入其中，从而描述既包含量的变换，又包含质的变换的过程。在解决问题时，物元的可拓性就指出了可能解决问题的途径，而人们所提出的各种方法、窍门和策略则可以用物元变换或其组合来描述。物元 $R_0=(N_0, c_0, v_0)$ 变换为物元 $R=(N, c, v)$ 或若干物元 $R_1=(N_1, c_1, v_1)$，$R_2=(N_2, c_2, v_2)$，…，$R_n=(N_n, c_n, v_n)$，这种变换即物元 R_0 的变换。

物元具有 4 种基本变换：置换、分解、增删、扩缩。物元变换具有 4 种基本运算：积、逆、或、与。一个物元的变换，会导致相关物元的变换，这时称后者为前者的传导变换，传导变换产生的传导效应是在决策时必须考虑的问题。同时，物元变换也可以是对事物的特征、量值或它们组合的一种变换。

现有物元 R_1、R_2、R_3，那么规定物元变换的基本运算如下：

（1）积变换

如果 $T_1R_1=R_2$，$T_2R_2=R_3$，使 R_1 变为 R_3 的变换称为变换 T_2 与 T_1 的积变换，记作：

$$T=T_2\,T_1$$

（2）逆变换

如果 $TR_1=R_2$，使 R_2 变为 R_1 的变换称为 T 的逆变换，记作 $T-1$，即：

$$T-1(TR_1)=T-1R_2=R_1$$

（3）或变换

如果 $TR_1=R_2$，$TR_2=R_3$，使 R_1 变为 R_2 或 R_3 的变换称为 T_1 与 T_2 的或变换，记作：

$$T=T_1\vee T_2$$

（4）与变换

如果 $T_1R_1=R_2$，$T_2R_1=R_3$，使 R_1 变为 R_2 和 R_3 的变换称为 T_1 与 T_2 的与变换，记作：

$$T=T_1\wedge T_2$$

二、可拓集合

集合通常用来描述人脑思维对客观事物的识别和分类。客观事物随时间不断地变化，因此，人脑思维对客观事物的识别和分类也不应该只有一种模式，而应该是多种多样的。众所周知，经典集合一般用来描述事物的确定性，模糊集合一般用来描述事物的模糊性，二者的相同点就是，它们都是对处于“静态”的事物的一种描述。若为了描述不具有某种性质的事物向具有某种性质的事物的转化过程，就必须建立新的集合概念，作为解决矛盾问题的集合基础。

1. 基本概念

一般用两个定义描述可拓集合：

① 第一个定义可以作为描述量变与质变的定量化工具。

② 第二个定义描述在某个变换下，事物的质的转化。

定义 1　设 U 为论域，K 是 U 到实域 I 的一个映射，即：

$$\tilde{A}=\left\{(u,y,y')\middle|u\in U,y=K(u)\in I,y'=K(Tu)\in I\right\}$$

那么称 $\tilde{A}$ 为 U 上的一个可拓集合，其中 $y=K(u)$ 为 $\tilde{A}$ 的关联函数，$K(u)$ 为元素 u 关于 $\tilde{A}$ 的关联度。$y'=K(u)$ 为 $\tilde{A}(T)$ 关于变换 T 的关联函数，称为可拓函数。称：

$$A=\left\{(u,y)\middle|u\in U,y=K(u)\geqslant 0\right\}$$

$$\overline{A}=\left\{(u,y)\middle|u\in U,y=K(u)\leqslant 0\right\}$$

$$J_0=\left\{(u,y)\middle|u\in U,y=K(u)=0\right\}$$

分别为 $\tilde{A}$ 的正域、负域和零界。显然，若 $u\in J_0$，则 $u\in A$，同时 $u\in\overline{A}$。

定义 2　设 $\tilde{A}$ 是论域 U 上的可拓集合，$T\in\{T_u,T_k,T_U\}$ 是 $\tilde{A}$ 的变换，其元素分别为对论域 U、关联函数 $K(u)$ 和元素 u 的变换。称：

$$\underset{\cdot}{A}_+(T)=\{(u,y,y')|u\in U,y=K(u)\leqslant 0,y'=K(Tu)\geqslant 0\}$$

$$\underset{\cdot}{A}_-(T)=\{(u,y,y')|u\in U,y=K(u)\geqslant 0,y'=K(Tu)\leqslant 0\}$$

$$A_+(T)=\{(u,y,y')|u\in U,y=K(u)\geqslant 0,y'=K(Tu)\geqslant 0\}$$

$$A_-(T)=\{(u,y,y')|u\in U,y=K(u)\leqslant 0,y'=K(Tu)\leqslant 0\}$$

分别为 A 关于变换 T 的正可拓域和负可拓域、正稳定域和负稳定域。其中，当 $u\notin U$ 时，规定 $K(u)\leqslant 0$。可拓集合示意图如图 4.7 所示。

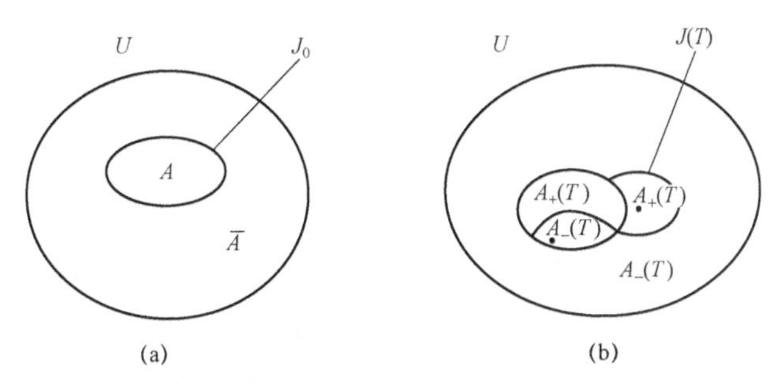

图 4.7　可拓集合示意图

（a）静态可拓集合对论域的划分；（b）关于元素变换的可拓集合对论域的划分

2. 关联函数

关联函数表达了事物具有某种性质的程度，如果把实变函数中的距离扩展为“距”，定义实轴上点 x 与区间 X_0=＜a，b＞的距为：

$$\rho(x,X_0)=\left|x-\frac{b+a}{2}\right|-\frac{b-a}{2}$$

依据这一思想建立初等关联函数的计算如下：

$$K(x)=\frac{\rho(x,X_0)}{D(x_0,X_0,X)}$$

其中

$$D(x_0,X_0,X)=\begin{cases}\rho(x,X)-\rho(x,X_0), & x\notin X_0\\ -1, & x\in X_0\end{cases}$$

3. 小结

由上述定义可见，可拓集合描述了事物相反面的相互转化，它可用来表示事物量变的过程（稳定域），也可用来表示事物质变的过程（可拓域）。用零界或拓界表示质变点，一旦超过它们，事物就会产生质变。将元素的变换（包括事元和物元的变换）、关联函数的变换和论域的变换统称为可拓变换。经典集合研究了事物的精确性，模糊集合研究了事物的模糊性，而可拓集合研究了事物的可变性，如表 4.3 和图 4.8 所示。

表 4.3　可拓理论与经典数学及模糊数学的对比

项目	经典数学	模糊数学	可拓理论
描述事物间的关系	精确关系	模糊关系	可拓关系
研究目标	精确问题数学化	模糊问题数学化	不兼容问题的转化
理论基础	经典集	模糊集	可拓集
量化工具	特征函数	归属函数	关联函数
逻辑基础	二值逻辑	模糊逻辑	可拓逻辑

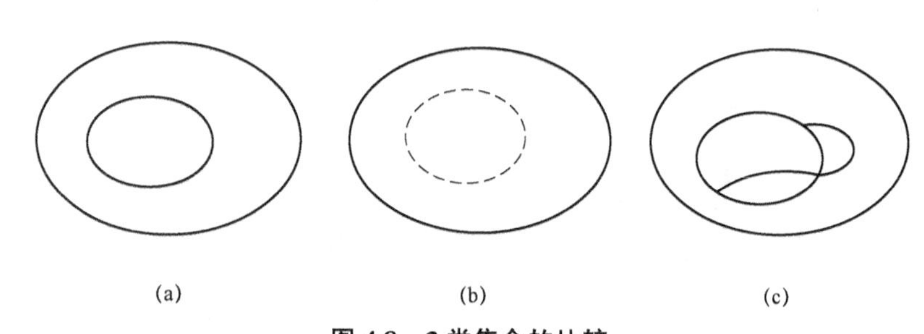

(a)　(b)　(c)

图 4.8　3 类集合的比较

（a）经典集合；（b）模糊集合；（c）可拓集合

三、可拓逻辑

现有的二值逻辑可以描述确定性的事物，而模糊逻辑描述模糊的事物，这两种推理方法无法作为推理工具去解决矛盾问题。因此，必须建立一种合适的逻辑去解决矛盾问题，使变换和推理不再仅仅停留在确定性和模糊性的基础上，而能够用来描述事物的可变性。为了让未来的计算机利用这种逻辑进行创造性思维，生成解决矛盾问题的策略，建立了可拓逻辑。

可拓逻辑必须具有两个特点：

① 采用形式化的模型。

② 考虑事物的内涵。能描述“变”的推理规律。因此，可拓逻辑继承了形式逻辑的形式化特点，并且采用了辩证逻辑研究内涵的思维方式，将之结合成一种可以将矛盾问题转化为不矛盾问题的逻辑。

四、可拓方法

对物元可拓性的研究，提出了可拓学特有的方法——可拓方法[6]，它包括：

① 物元可拓方法——发散树、共轭对、相关网、分合链和蕴含系。

② 物元变换方法——基本变换、复合变换和转换桥方法。

③ 评价方法——优度评价法和在解决实际问题时采取的菱形思维方法。

可拓方法具有以下特点：

① 以物元的可拓性为依据。物元这一逻辑细胞具有很多有价值的性质，这些性质是寻

求解决问题方案的依据。解决问题的方案不是凭借某些人的灵机一动，而是能从物元的可拓性去分析事物改变的多种可能性。物元的这些性质是可拓方法的基础。

② 物元模型是解决矛盾问题的基本模型。物元的提出使解决矛盾问题的着眼点从只研究数量关系（和空间形式）的数学模型转向事物、特征和量值相结合的物元构成的物元模型。在物元模型中，当不考虑事物和特征的变化时，模型便是数学模型。在解决实际问题时，利用物元模型去寻求解决矛盾问题的方案。

③ 以菱形思维方法确定解决问题的路径。菱形思维方法用形式化描述了人们先发散后收敛的思维过程。发散，采取的是物元的可拓方法；收敛，采取的是基于优度的评价方法。优度评价方法采用了可拓集合和关联函数等工具。菱形思维方法是发散与收敛的结合，同时，也是先定性后定量的一个过程。它结合了可拓论里的物元理论和可拓集合论。多级菱形思维方法是人们对处理矛盾问题的过程进行的一种形式化描述[3]。

④ 解决矛盾问题的一个最有效的方法就是物元变换。菱形思维方法提出了如何去解决一个矛盾问题，同时也确定了可以采用的物元。所以，要解决矛盾的问题，首先必须进行物元变换，因此物元变换就变成解决矛盾问题的基础工具。物元共有 4 种基本变换，而这些基本变换通过 4 种运算方式可以构造出各种各样的变换。物元变换的同时会造成与它相关的物元发生变换，所以，在解决问题的时候，必须考虑物元变换的传导作用及它们应该遵守的规律。

可拓方法分类如图 4.9 所示。

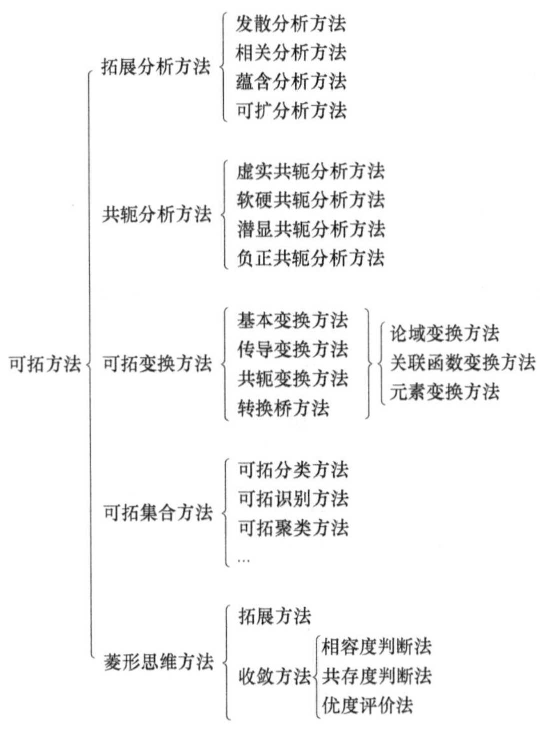

图 4.9　可拓方法分类

4.2.3 主要应用

一、可拓学的发展过程

1. 发展过程——孕育阶段

1976年选题；1981年北京宣读论文，开始建设新学科；1983年《科学探索学报》发表《可拓集合和不相容问题》（英文稿于1990年在钱伟长主编的《中国应用数学与力学进展》中发表）[9]。

2. 建设理论与方法体系

1987 《物元分析》　　广东高等教育出版社
1994 《物元模型及其应用》　　科学技术文献出版社
　2000　第二次印刷
1995 《从物元分析到可拓学》　　科学技术文献出版社
1997 《可拓工程方法》　　科学出版社
　2000　第二次印刷
　2001　台湾（繁体字版）
　2003　英文版
2000 《可拓营销》　　科学技术文献出版社
　2001　台湾（繁体字版）
1999 《可拓论及其应用》　　《科学通报》第21期
2000 《可拓工程研究》　　《中国工程科学》第12期
2002 《可拓策划》　　科学出版社
2003 《可拓逻辑初步》　　科学出版社
2003 “Extension Engineering Methods”　　Science Press
　2004　第二次印刷
2006 《可拓策略生成系统》　　科学出版社
2007 《可拓工程》　　科学出版社
2010 《创意的革命——今天你“可拓”了吗》　　科学出版社 龙门书局

3. 从一个人发展为一支海内外研究队伍

① 召开了11届全国可拓学研讨会。
② 组织了6次专业学术讨论会，在台湾举办了3期可拓学研习班。
③ 建设了可拓学研究基地——广东工业大学可拓工程研究所，招收了18期研究学者，遍布20多省市。
④ 成立了中国人工智能学会可拓工程专业委员会，组织海内外可拓学研究者进行研究。
⑤ 哈尔滨工业大学召开了全国第11届可拓学年会。

二、可拓学的应用研究

在信息领域的应用，包括人工智能理论基础、可拓方法的计算机实现、可拓策略生成系统、可拓数据挖掘；在设计领域的应用，包括机械设计、建筑设计、日用品设计、创新方案、新产品构思；在自动化领域的应用，包括可拓控制、可拓检测；在管理领域的应用，包括可拓营销、可拓策划、可拓决策。

三、可拓应用热点

1. 可拓策略生成系统

结合可拓方法和计算机技术，研究了可拓方法的计算机实现和策略生成方法，研制可拓策略生成系统的工具软件，研制具体领域中的可拓策略生成系统软件。例如，广东工业大学李立希、杨春燕等出版的专著《可拓策略生成系统》。

2. 可拓数据挖掘

将可拓分析工具应用于大量的数据场景中，探索可拓数据挖掘的方法。例如，广东工业大学杨春燕等的广东自然科学基金项目和国家自然科学基金项目研究可拓信息、知识和策略的形式化体系，可拓信息和可拓知识、变化知识的挖掘理论与方法；国防科技大学陈文伟等研究“变化的知识”的规律和挖掘理论与方法；中国科学院数据技术与知识经济研究中心李兴森等研制的可拓数据挖掘软件。

3. 可拓设计

将可拓理论与思想应用于各类设计过程中去。例如，青岛大学杨国为的鞋类智能设计（“863”项目）、浙江工业大学赵燕伟的机械可拓设计（国家自然科学基金项目）、哈尔滨工业大学邹广天的建筑可拓设计（国家自然科学基金项目）。

4. 在自动化领域的应用：可拓控制、可拓检测

广东工业大学余永权等提出的可拓检测；华东理工大学王行愚等提出的可拓控制；台湾淡江大学杨智旭等研制的可拓控制器。

5. 在管理领域的应用

在管理领域有如下应用实例：2000年蔡文、杨春燕出版的专著《可拓营销》（国家自然科学基金项目）；2002 年杨春燕、张拥军等出版的专著《可拓策划》（国家自然科学基金项目）。

6. 在中医药领域的应用

在中医药领域有如下应用实例：广州中医药大学黎敬波的国家自然科学基金项目《可拓方法等对外感病因因素的层次化和量化研究》和《非小细胞肺癌征候病机关联性知识获取及关键病机规律研究》；暨南大学陈孝银的国家自然科学基金项目《基于可拓理论的外感病因量化及多维相关研究》。

四、可拓信息处理

将可拓学的方法用于信息处理中，特别是在有矛盾的场合，如专家系统、聚类分析、故障诊断、菱形思维可拓神经网络模型。

4.3 粗糙集信息处理

4.3.1 粗糙集理论的发展概述

一、粗糙集理论的提出

自然界中大多事物所传达的信息都是：

① 不完整的、不确定的、模糊的。

② 经典逻辑无法准确、圆满地描述和解决。

粗糙集理论[10]是为了解决“含糊”信息而提出的。由于在很多现实系统中不同程度地存在许多不确定的因素，所以通常采集到的数据会包含噪声，从而造成数据的不精确甚至不完整。粗糙集理论是一个处理不确定性的数学工具，包含有概率论、模糊集、证据理论。它作为一种较新的软计算方法，其有效性已在很多科学与工程领域的应用中得到了证明，并且粗糙集理论是当前国际上人工智能理论及其应用领域中的研究热点之一。

在自然科学、社会科学和工程技术的很多领域中，都存在着对不确定因素和对不完备（imperfect）信息的处理。实际系统中采集到的数据往往含有着大量的噪声，结果不够精确甚至不完整，如果这时依然采用纯数学上的假设来消除或回避这种不确定性，一般情况下效果不理想；反之，如果正视它，对这些不确定的信息加以合适地处理，将会有助于相关实际系统问题的解决。

多年来，研究人员一直在寻找科学的方法去处理信息的不完整性和不确定性。目前处理不确定信息的两种方法是模糊集基于概率方法的证据理论，并且已应用于一些现实领域。但这些方法有时需要一些数据的附加信息或先验知识，如模糊隶属函数、基本概率指派函数和有关统计概率分布等，而这些信息有时并不容易得到[11]。

1.“含糊”（Vague）

1904 年，谓词逻辑创始人 Frege（弗雷格）首次提出将含糊性解释为“边界线区域”（Boundary Region），即在全域上存在一些个体，它既不能被分类到某一个子集上，也不能被分类到该子集的补集上。

2.“模糊集”（Fuzzy Sets）

1965 年，美国数学家 Zadeh 首次提出无法解决 Frege 提出的“含糊”问题，并给出模糊的概念。模糊集是一类具有连续等级隶属关系的对象。这种集合的特征是一个隶属度（特征）函数，它为每个对象分配一个从 0 到 1 的隶属度等级，将包含、并、交、补、关系、凸等概念推广到这类集合，建立了这些概念在模糊集上下文中的各种性质。

3.“粗糙集”（Rough Sets）

1982 年，波兰数学家 Pawlak 首次提出将边界线区域定义为“上近似集”与“下近似集”的差集，指出在“真”“假”二值之间的“含糊度”是可计算的，并且给出了计算含糊元素数目的公式，借鉴了集合论中的“等价关系”（不可区分关系），求取大量数据中的最小不变集合（称为“核”），求解最小规则集（称为“约简”）。

4. 粗糙集理论中的一些基本观点

“概念”就是对象的集合，“知识”就是将对象进行分类的能力（“各从其类”），“知识”是关于对象的属性、特征或描述的刻画，不可区分关系表明两个对象具有相同的信息，从而提出了上近似集、下近似集、分类质量等概念。

二、粗糙集理论的发展历程[12]

1970 年，Pawlak 和波兰科学院、华沙大学的一些逻辑学家，在研究信息系统逻辑特性的基础上，提出了粗糙集理论的思想。在最初的几年里，由于大多数研究论文是用波兰文发表的，所以未引起国际计算机界的重视，研究地域仅限于东欧各国。1982 年，Pawlak 发表经典论文“Rough sets”，标志着该理论正式诞生。1991 年，Pawlak 发表了第一本关于粗糙集理论的专著“Rough sets：Theoretical aspects of reasoning about data”。1992 年，Slowinski 主编的“Intelligence decision support：Handbook of applications and advances of rough sets theory”的出版，奠定了粗糙集理论的基础，有力地推动了国际粗糙集理论与应用的深入研究。1992 年，在波兰召开了第一届国际粗糙集理论研讨会，有 15 篇论文发表在 1993 年第 18 卷的“Foundation of computing and decision sciences”上。

1993 年和 1994 年，分别在加拿大、美国召开第二、三届国际粗糙集与知识发现（或软计算）研讨会。1995 年，Pawlak 等在“ACM Communications”上发表“Rough sets”，极大地扩大了该理论的国际影响。1996—1999 年，分别在日本、美国召开了第 4～7 届粗糙集理论国际研讨会。1998—2014 年，每两年举行一届 Rough Sets and Current Trends in Computing（RSCTC）国际会议。1998 年、2000 年、2002 年、2004 年、2006 年、2008 年、2010 年、2012 年、2014 年的 RSCTC 分别在波兰华沙、加拿大班夫、美国马尔文、瑞典乌普萨拉、日本神户、美国阿克伦、波兰华沙、中国成都、西班牙马德里吕开。2001—2002 年，中国分别在重庆、苏州召开第一、二届粗糙集与软计算学术会议。2003 年，在重庆召开粗糙集与软计算国际研讨会（Rough Sets，Fuzzy Sets，Data Mining，and Granular Computing，RSFDGrC）。2005 年，RSFDGrC 国际会议（两年会）在加拿大召开。2007 年、2009 年、2011 年、2013 年 RSFDGrC 分别在加拿大、印度、俄罗斯和加拿大召开。

三、粗糙集理论在信息处理中的作用

在数据预处理过程中，粗糙集理论可以填补丢失的数据；在数据准备过程中，利用粗糙集理论的数据约简性，可以实现对数据集的降维；在数据挖掘阶段，粗糙集理论可以应用于分类规则的发现。

通过布尔推理挖掘出约简的规则来解释决策，通过熵理论将规则的复杂性和预测的误差分析融入无条件的度量中，将之与模糊集理论、证据理论构成复合分析方法，搜寻隐含在数据中的确定性或非确定性的规则，在解释与评估过程中，粗糙集理论可用于对所得到的结果进行统计评估[12]。

4.3.2 粗糙集理论的基本原理

一、关系及其表示

1. 笛卡儿积

这里将“知识”定义为：使用等价关系集 R 对离散表示的空间 U 进行划分，知识就是 R 对 U 划分的结果。“知识库”通常定义为：等价关系集 R 中所有可能的关系对 U 的划分，表示为：

$$K=(U, R)$$

定义：由 n 个具有给定次序的个体 $a_1, a_2,\cdots, a_n$ 组成的序列，叫作有序 n 元组，记作（$a_1, a_2,\cdots, a_n$）。其中 a_i（$i=1, 2,\cdots, n$）叫作该有序 n 元组的第 i 个坐标。

有序 n 元组与第 n 个元素的集合是两个不同的概念。相异点在于集合中这 n 个元素是无序的，而在有序 n 元组中，n 个元素是有序的。因此，对任意给定的 n 个个体，它们只能组成一个具有 n 个元素的集合，但却可以组成 $n!$ 个不同的有序 n 元组。另外，有序 n 元组的一种常见的特殊应用情形是 $n=2$。有序 n 元组（a, b）又被称为序偶。序偶的一个熟悉的例子是平面上点的笛卡儿坐标表示。例如，序偶（1, 3），（2, 4），（5, 3）等均表示平面上不同的点。

定义：设（$a_1, a_2, \cdots, a_n$）和（$b_1, b_2, \cdots, b_n$）两个有序 n 元组，如果 $a_i=b_i$（$i=1, 2, \cdots, n$），则称这两个有序 n 元组相等，记为：

$$(a_1, a_2, \cdots, a_n)=(b_1,b_2, \cdots ,b_n)$$

定义：设 $A_1, A_2, \cdots, A_n$ 是任意集合，则称集合{（$a_1, a_2, \cdots, a_n$）$|a_i\in A_i, i=1, 2, \cdots, n$}为集合 $A_1, A_2, \cdots, A_n$ 的笛卡儿积，记为：

$$A_1\times A_2\times\cdots\times A_n$$

例 1：设 $A=\{a, b\}$，$B=\{1, 2, 3\}$，求 $A\times B$，$B\times A$，$A\times A$，$B\times B$。

解：

$A\times B=\{(a, 1)，(a, 2)，(a, 3)，(b, 1)，(b, 2)，(b, 3)\}$

$B\times A=\{(1, a)，(1, b)，(2, a)，(2, b)，(3, a)，(3, b)\}$

$A\times A=\{(a, a)，(a, b)，(b, a)，(b, b)\}$

$B\times B=\{(1, 1)，(1, 2)，(1, 3)，(2, 1)，(2, 2)，(2, 3)，(3, 1)，(3, 2)，(3, 3)\}$

例 2：设 $A=\varnothing$，$B=\{1，2，3\}$，求 $A\times B$，$B\times A$。

解：$A\times B=\varnothing\times B=\varnothing$，$B\times A=B\times\varnothing=\varnothing$。

定理　设 A，B 为任意两个有限集，则

$$|A\times B|=|A|\bullet|B|$$

推论　设 $A_1, A_2,\cdots, A_n$ 为任意 n 个有限集，则

$$|A_1\times A_2\times\cdots\times A_n|=|A_1|\bullet|A_2|\bullet\cdots\bullet|A_n|$$

定理　设 A，B，C，D 为任意 4 个非空集合，则

① $A\times B\subseteq C\times D$，当且仅当 $A\subseteq C$，$B\subseteq D$；

② $A\times B=C\times D$，当且仅当 $A=C$，$B=D$。

定理　设 A，B，C 为任意 3 个集合，则

① $A\times(B\cup C)=(A\times B)\cup(A\times C)$；

② $(A\cup B)\times C=(A\times C)\cup(B\times C)$；

③ $A\times(B\cap C)=(A\times B)\cap(A\times C)$；

④ $(A\cap B)\times C=(A\times C)\cap(B\times C)$；

⑤ $A\times(B-C)=(A\times B)-(A\times C)$；

⑥ $(A-B)\times C=(A\times C)-(B\times C)$。

2. 关系的基本概念

定义　设 $n\in I^+, A_1, A_2,\cdots, A_n$ 为任意 n 个集合，$\rho\subseteq A_1\times A_2\times\cdots\times A_n$，则

① 称 ρ 为 $A_1, A_2,\cdots, A_n$ 间的 n 元关系；

② 若 $n=2$，则称 ρ 为从 A_1 到 A_2 的二元关系；

③ 若 $\rho=\varnothing$，则称 ρ 为空关系；

④ 若 $\rho=A_1\times A_2\times\cdots\times A_n$，则称 ρ 为普遍关系；

⑤ 若 $A_1=A_2=\cdots=A_n=A$，则称 ρ 为 A 上的 n 元关系；

⑥ 若 $\rho=\{(x,x)|x\in A\}$，则称 ρ 为 A 上的恒等关系。

若 ρ 是由 A 到 B 的一个关系，且 $(a,b)\in\rho$，则 a 对 b 有关系 ρ，记作 $a\rho b$。

例 3：设 $A=\{1, 2, 4, 7, 8\}$，$B=\{2, 3, 5, 7\}$，定义由 A 到 B 的关系 $\rho=\{(a, b)|(a+b)/5$ 是整数$\}$，求关系 ρ。

解：根据 ρ 的定义，ρ 中的序偶 (a, b) 应满足如下 3 个条件：

① $a\in A$；

② $b\in B$；

③ $a+b$ 能被 5 整除。

于是 $\rho=\{(2, 3), (7, 3), (8, 2), (8, 7)\}$。

例 4：设 $A=\{2,3,4,5,9,25\}$，定义 A 上的关系 ρ，对于任意的 $a, b\in A$，当且仅当 $(a-b)^2\in A$ 时，有 $a\rho b$，试问 ρ 由哪些序偶组成？

解：根据 ρ 的定义，ρ 中的序偶 (a, b) 应满足以下 3 个条件：

① $a\in A$；

② $b\in A$；

③ $(a-b)^2\in A$。

因此，$\rho=\{(2, 4), (4, 2), (2, 5), (5, 2), (3, 5), (5, 3), (4, 9), (9, 4)\}$。

例 5：设 $A=\{0, 1, 2\}$，求 A 上的普遍关系 U_A 和 A 上的恒等关系 I_A。

解：由普遍关系和恒等关系的定义知

$U_A=A\times A=\{(0, 0), (0, 1), (0, 2), (1, 0), (1, 1), (1, 2), (2, 0), (2, 1), (2, 2)\}$

$I_A=\{(0, 0), (1, 1), (2, 2)\}$

定义　设 ρ 是从集合 A 到 B 的关系，令

$\mathrm{dom}\rho=\{x|x\in A$ 且有 $y\in B$ 使 $(x, y)\in\rho\}$

$\mathrm{ran}\rho=\{y|y\in B$ 且有 $x\in A$ 使 $(x, y)\in\rho\}$

则称 $\mathrm{dom}\rho$ 为 ρ 的定义域；$\mathrm{ran}\,\rho$ 为 ρ 的值域。

从定义可以看出，ρ 的定义域实际上是一个集合，并且该集合里的元素都是 ρ 中所有序

偶的第一坐标，ρ的值域也是一个集合，并且集合里元素都是ρ中所有序偶的第二坐标。

例 6：设$\rho_1=\{(1, 2), (2, 4), (3, 3)\}$，$\rho_2=\{(1, 3), (2, 4), (4, 2)\}$，试求出 $\mathrm{dom}\rho_1$，$\mathrm{dom}\rho_2$，$\mathrm{dom}\,(\rho_1\cup\rho_2)$，$\mathrm{ran}\rho_1$，$\mathrm{ran}\rho_2$ 和 $\mathrm{ran}\,(\rho_1\cap\rho_2)$。

解：根据ρ的定义域和值域的定义，有

$$\mathrm{dom}\rho_1=\{1, 2, 3\}，\mathrm{ran}\rho_1=\{2, 4, 3\}$$

$$\mathrm{dom}\rho_2=\{1, 2, 4\}，\mathrm{ran}\rho_2=\{3, 4, 2\}$$

又因为

$$\rho_1\cup\rho_2=\{(1, 2), (2, 4), (3, 3), (1, 3), (4, 2)\}，\rho_1\cap\rho_2=\{(2, 4)\}$$

所以

$$\mathrm{dom}(\rho_1\cup\rho_2)=\{1, 2, 3, 4\}，\mathrm{ran}(\rho_1\cap\rho_2)=\{4\}$$

3. 关系的表示方法

（1）集合表示法

因为关系是一个集合，所以可以用描述集合的方法，如列举法或描述法，来表示一个集合。在之前的讨论中，已经多次采用了这两种方法。

例如，由 A 到 B 的关系可以用描述法表示为 $\rho=\{(a, b)|(a+b)/5\}$是整数；而用列举法定义关系，为$\rho_1=\{(1, 2), (2, 4), (3, 3)\}$和$\rho_2=\{(1, 3), (2, 4), (4, 2)\}$。

（2）关系矩阵

定义：设 m，$n\in I^+$，$A=\{x_1, x_2,\cdots, x_m\}$，$B=\{y_1, y_2,\cdots, y_n\}$，$\rho$ 是从 A 到 B 的关系，令

$$\boldsymbol{M}_\rho=\begin{bmatrix} a_{11} & a_{12} & \dots & a_{1n} \\ a_{21} & a_{22} & \dots & a_{2n} \\ \vdots & \vdots & & \vdots \\ a_{m1} & a_{m2} & \dots & a_{mn} \end{bmatrix}$$

其中，$a_{ij}=\begin{cases}1,(x_i, y_i)\in\rho \\ 0,\text{其他}\end{cases}$ （$1\leqslant i\leqslant m$，$1\leqslant j\leqslant n$）

称 $\boldsymbol{M}_\rho$为ρ的关系矩阵。

例 7：设 $A=\{2, 3, 4, 5\}$，$B=\{6, 7, 8, 9\}$，由 A 到 B 的关系ρ定义为$\rho=\{(a, b)|a$ 与 b 互素$\}$。试写出ρ 的关系矩阵 $\boldsymbol{M}_\rho$。

解：由定义$\rho=\{(2, 7), (2, 9), (3, 7), (3, 8), (4, 7), (4, 9), (5, 6), (5, 7), (5, 8), (5, 9)\}$可得关系矩阵

$$\boldsymbol{M}_\rho=\begin{bmatrix} 0 & 1 & 0 & 1 \\ 0 & 1 & 1 & 0 \\ 0 & 1 & 0 & 1 \\ 1 & 1 & 1 & 1 \end{bmatrix}$$

定义　设 A 和 B 是任意的非空有限集，ρ代表从 A 到 B 的一个关系，若以 $A\cup B$ 中的每个元素为一个结点，对任意（x, y）$\in\rho$，画一条从 x 到 y 的有向边，得到一个有向图 G_ρ，称其为ρ的关系图。

例 8：以 a，b，c 和 d 为顶点，（a, b），（a, d），（b, b），（b, d），（c, a），（c, b）和（d, b）为边，所形成的有向图如图 4.10 所示。

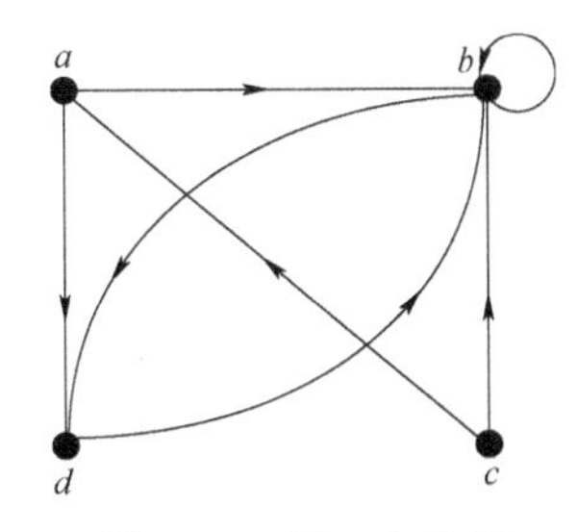

图 4.10　例 8 有向图

例 9：表现在集合{1, 2, 3, 4}上的关系为 $R=\{(1, 1), (1, 3), (2, 1), (2, 3), (2, 4), (3, 1), (3, 2), (4, 1)\}$，有向图如图 4.11 所示。

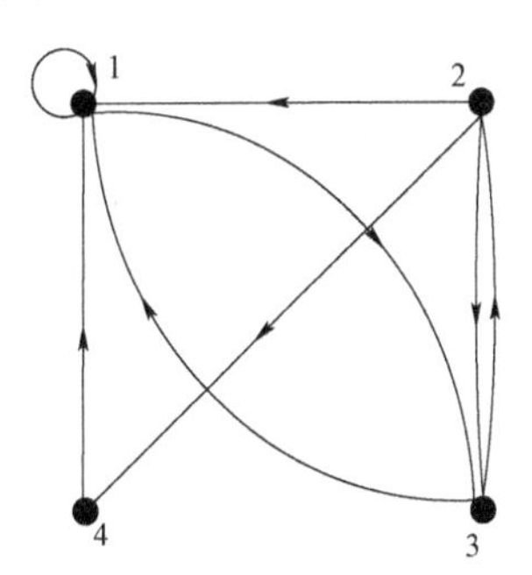

图 4.11　例 9 有向图

4. 关系的性质

定义　设ρ为集合 A 上的二元关系，则

① 若对所有的 $a\in A$，有（a, a）$\in\rho$，则称ρ为自反关系；

② 若对所有的 $a\in A$，有（a, a）$\notin\rho$，则称ρ为反自反关系；

③ 对任意 $a, b\in A$，若有（a, b）$\in\rho$，就必有（b, a）$\in\rho$，则称ρ为对称关系；

④ 对任意 $a, b\in A$，若有（a, b）$\in\rho$，（b, a）$\in\rho$，就必有 $a=b$，则称ρ为反对称关系；

⑤ 对任意 $a, b, c\in A$，若有（a, b）$\in\rho$，（b, c）$\in\rho$，就必有（a, c）$\in\rho$，则称ρ为传递关系。

例 10：判断图 4.12 所示有向图所表现的关系是自反的，还是对称的，或是反对称的、传递的。

解：因为 R 的有向图中，每个顶点上都有循环，所以有自反性。R 没有对称性，也没有反对称性。因为有个由 a 到 b 的边，但是没有由 b 到 a 的边。此外，还有个 b 和 c 间的双向边。最后，R 也是非传递的，因为有个由 a 到 b 和 b 到 c 的边，但是找不到由 a 到 c 的边。

由于有顶点上没有循环，所以关系 S 并没有自反性。关系 S 是对称的，但不是反对称的，因为两相异顶点间的边都是双向的。也不难看出关系 S 并非传递的，因为（c, a）和（c, b）都属于 S，但（c, b）不在 S 中。

注意区别自反关系和恒等关系，一个集合 A 上的恒等关系是自反关系，但自反关系不一定是恒等关系。若对所有的 $a\in A$，有（a, a）$\in\rho$，则称ρ为自反关系；若$\rho=\{(x, x)|x\in A\}$，则称ρ为 A 上的恒等关系。另外，反对称关系的定义也可等价地叙述为，对任意 $a, b\in A$，若有 $a\neq b$ 且（a, b）$\in\rho$，就必有（b, a）$\notin\rho$，则称ρ为反对称关系。

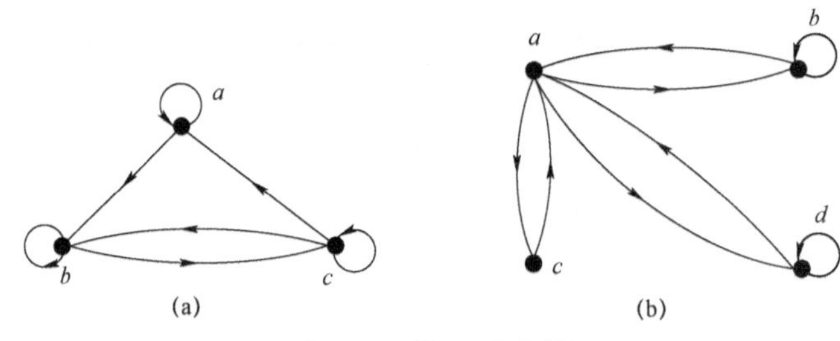

图 4.12　例 10 有向图

（a）R 的有向图；（b）S 的有向图

例 11：设 $A=\{a, b, c, d\}$。

① 判断下列关系是否为自反关系或反自反关系：

$$\rho_1=\{(a, b), (b, c)\}$$
$$\rho_2=\{(a, a), (b, b), (c, c), (d, a)\}$$
$$\rho_3=\{(a, a), (a, b), (d, d), (c, c), (b, b)\}$$
$$\rho_4=\{(a, a), (b, b), (c, c), (d,d)\}$$

解：ρ_1 不是自反关系，因为对于所有的 $x\in A$，(x, x)均不在ρ_1 中；上述原因正好说明ρ_1是反自反关系。

ρ_2 不是自反关系，因为$(d,d)\notin\rho_2$；ρ_2 也不是反自反关系，因为(a,a)，(b,b)，$(c,c)\in\rho_2$。

ρ_3 是自反关系，不是反自反关系。

ρ_4 是自反关系，不是反自反关系。

② 判断下列关系是否为对称关系或反对称关系：

$$\rho_5=\{(a, a), (a, b), (b, a), (b, c), (c, b)\}$$
$$\rho_6=\{(a, a), (a, b), (b, c), (d, c)\}$$
$$\rho_7=\{(a, a), (c, b), (c, d), (d, c)\}$$
$$\rho_8=\{(b, b), (d, d)\}$$

解：ρ_5 是对称关系，但不是反对称关系，因为 $a\neq b$，但（a, b）和（b, a）均出现在ρ_5 中。同样，$b\neq c$，但（b, c）和（c, b）均出现在ρ_5 中。

ρ_6 不是对称关系，因为（a, b）$\in\rho_6$，但（b, a）$\notin\rho_6$。同样，（b, c）$\in\rho_6$，但（c, b）$\notin\rho_6$，（d, c）$\in\rho_6$，但（c, d）$\notin\rho_6$。上述原因正好说明ρ_6 是反对称关系。

ρ_7 不是对称关系，因为（c, b）$\in\rho_7$，但（b, c）$\notin\rho_7$；ρ_7 也不是反对称关系，因为 $c\neq d$，但（c, d）和（d, c）均在ρ_7 中。

ρ_8 既是对称关系，也是反对称关系。

③ 判断下列关系是否为传递关系：

$$\rho_9=\{(b, c), (c, c), (c, d), (b, d)\}$$
$$\rho_{10}=\{(b, c), (c, b), (b, b), (a, d)\}$$
$$\rho_{11}=\{(b, c), (d, a), (d, c)\}$$

解：ρ_9 是传递关系。

ρ_{10} 不是传递关系，因为（c, b）$\in\rho_{10}$，（b, c）$\in\rho_{10}$，但（c, c）$\notin\rho_{10}$。

ρ_{11}是传递关系，在ρ_{11}中没有出现（x, y）$\in\rho_{11}$同时（y, z）$\in\rho_{11}$的情形，因此也就无所谓（x, z）$\in\rho_{11}$的要求。

关系的这些性质，在关系矩阵和关系图上大多可以得到明确的反映：若关系ρ是自反的，则关系矩阵的主对角线上的元素全为 1；若ρ是对称的，则关系矩阵关于主对角线对称；若ρ是反对称的，则当 $i{\neq}j$ 时，若 $a_{ij}=1$，则 $a_{ji}=0$。

若关系ρ是自反的，则ρ的关系图中的每一个结点引出一个单边环；若ρ是对称的，则在其关系图中，对每一由结点 ai 指向结点 aj 的边，必有一相反方向的边；若ρ是反对称的，则在其图中，任何两个不同的节点间最多只有一条边，而不会同时有两条相反方向的边。

若ρ是传递的，则若有由结点 ai 指向 ak 的边，且又有由结点 ak 指向 aj 的边，就必有一条由结点 ai 指向 aj 的边。

二、集合的上近似和下近似

1. 基本概念

等价关系：设 $R\subseteq A\times A$ 且 $A\neq\varnothing$，若 R 是自反的、对称的、传递的，则称 R 为等价关系。

例：判断是否等价关系（A 是某班学生）。

$R_1=\{<x, y>|x, y\in A\wedge x$ 与 y 同年生$\}$

$R_2=\{<x, y>|x, y\in A\wedge x$ 与 y 同姓$\}$

$R_3=\{<x, y>|x, y\in A\wedge x$ 的年龄不比 y 的小$\}$

$R_4=\{<x, y>|x, y\in A\wedge x$ 与 y 选修同门课程$\}$

$R_5=\{<x, y>|x, y\in A\wedge x$ 的体重比 y 的重$\}$

判断结果见表 4.4。

表 4.4　判断结果

类型	定义	自反	对称	传递	等价关系
R_1	x 与 y 同年生	√	√	√	√
R_2	x 与 y 同姓	√	√	√	√
R_3	x 的年龄不比 y 的小	√	×	√	×
R_4	x 与 y 选修同门课程	√	√	×	×
R_5	x 的体重比 y 的重	×	×	√	×

（1）“信息系统”的形式化定义如下：

① $S=\{U, Q, V, f\}$。

② U：对象的有限集。

③ Q：属性的有限集，$Q=C\cup D$，C 是条件属性子集，D 是决策属性子集。

④ V：$V=\bigcup_{p\in A}V_p$，V_p是属性 p 的域。

⑤ f：$U\times A\rightarrow V$ 是总函数，使得对每个 $x_i\in U$，$q\in A$，有 $f(x_i, q)\in V_q$。

（2）一个关系数据库可视为一个信息系统，其中“列”为“属性”，“行”为“对象”。

（3）基本集合（Elementary set）/原子（Atom）。

关系 R 的等价类（Equivalence classes）；

U/R 表示近似空间 A 上所有的基本集合（原子）。

（4）不可区分（等价、不分明）关系。

U 为论域，R 是 $U\times U$ 上的等价（Equivalence）关系（即满足自反、对称、传递性质）。$A=\{U, R\}$称为近似空间，R 为不分明关系（Indiscernibility，或不可区分关系、等价关系）。若 $x, y\in U$，$(x, y)\in R$，则 x, y 在 A 中是不分明的（不可区分的）。

设 $P\subset Q$，$x_i, x_j\in U$，定义二元关系 Ind(P)为不分明关系：

$$\mathrm{Ind}(P)=\{(x_i, x_j)\in U\times U \mid \forall p\in P, p(x_i)=p(x_j)\}$$

称 x_i、x_j 在 S 中关于属性集 P 是不分明的，当且仅当 $p(x_i)=p(x_j)$对所有的 $p\in P$ 成立，即 x_i、x_j 不能用 P 中的属性加以区别。

若 $x, y\in U$，$(x, y)\in R$，则 x, y 在 A 中是不分明的（不可区分的）。

对所有的 $p\in P$，Ind(P)是 U 上的一种等价关系。

不可区分关系（等价关系）示例见表 4.5。

表 4.5　不可区分关系（等价关系）

fact	weather	road	time	accident
1	misty	icy	day	yes
2	foggy	icy	night	yes
3	misty	not icy	night	yes
4	sunny	icy	day	no
5	foggy	not icy	dusk	yes
6	misty	not icy	night	no

由表可知：

$U=\{1, 2, 3, 4, 5, 6\}$

$R=\{$ weather, road, time, accident $\}$

若 $P=\{$weather, road$\}$，则

$[x]\mathrm{Ind}\,(p)=[x]\mathrm{Ind}\{\text{weather}\}\cap[x]\mathrm{Ind}\{\text{road}\}$

$=\{\{1, 3, 6\}, \{2, 5\}, \{4\}\}\cap\{\{1, 2, 4\}, \{3, 5, 6\}\}$

$=\{\{1\}, \{2\}, \{4\}, \{3, 6\},\{5\}\}$

2. 集合的上近似和下近似

在信息系统 $S=\{U, Q, V, f\}$中，设 $X\subset$U 是个体全域上的子集，$P\subseteq Q$，则 X 的下近似和上近似集及边界区域分别为：

$$\underline{P}X=\{Y\in U/P: Y\subseteq X\}$$

$$\overline{P}X=\{Y\in U/P: Y\cap X\neq\varnothing\}$$

$$\mathrm{Bnd}_P(X)=\overline{P}X-\underline{P}X$$

① $\underline{P}X$ 是 $X\subset U$ 上必然被分类的那些元素的集合，即包含在 X 内的最大可定义集。

② X 是 U 上可能被分类的那些元素的集合，即包含 X 的最小可定义集。

③ Bnd(X)是既不能在 $X \subset U$ 上被分类，又不能在 $U-X$ 上被分类的那些元素的集合。

集合的上、下近似集概念示意图见图 4.13。上、下近似关系举例见表 4.6。

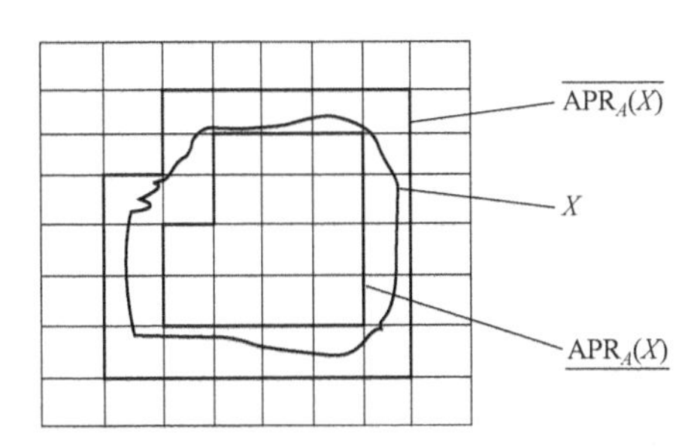

图 4.13　集合的上、下近似集概念示意图

（其中 $\overline{\text{APR}_A(X)}$ 为上近似集边界，$\underline{\text{APR}_A(X)}$ 为下近似集边界）

表 4.6　上、下近似关系

u	Headache	Temp.	Flu
u_1	Yes	Normal	No
u_2	Yes	High	Yes
u_3	Yes	Very-high	Yes
u_4	No	Normal	No
u_5	No	High	No
u_6	No	Very-high	Yes
u_7	No	High	Yes
u_8	No	Very-high	No

The indiscernibility classes defined by $R=\{\text{Headache, Temp.}\}$ are:

$\{u_1\}$, $\{u_2\}$, $\{u_3\}$, $\{u_4\}$, $\{u_5, u_7\}$, $\{u_6, u_8\}$.

$X_1=\{u\ \text{Flu}(u)=\text{yes}\}$

$\quad=\{u_2, u_3, u_6, u_7\}$

$\underline{R}X_1=\{u_2, u_3\}$

$\overline{R}X_1=\{u_2, u_3, u_6, u_7, u_5, u_8\}$

$X_2=\{u\ \text{Flu}(u)=\text{no}\}$

$\quad=\{u_1, u_4, u_5, u_8\}$

$\underline{R}X_2=\{u_1, u_4\}$

$\overline{R}X_2=\{u_1, u_4, u_5, u_8, u_6, u_7\}$

上、下近似集的图示（图 4.14）：

$R=\{\text{Headache, Temp.}\}$

$U/R=\{\{u_1\},\{u_2\},\{u_3\},\{u_4\},\{u_5,u_7\},\{u_6,u_8\}\}$

$X_1=\{u\ \mathrm{Flu}(u)=\mathrm{yes}\}=\{u_2,u_3,u_6,u_7\}$

$X_2=\{u\ \mathrm{Flu}(u)=\mathrm{no}\}=\{u_1,u_4,u_5,u_8\}$

$\underline{R}X_1=\{u_2,u_3\}$

$\overline{R}X_1=\{u_2,u_3,u_6,u_7,u_5,u_8\}$

$\underline{R}X_2=\{u_1,u_4\}$

$\overline{R}X_2=\{u_1,u_4,u_5,u_8,u_6,u_7\}$

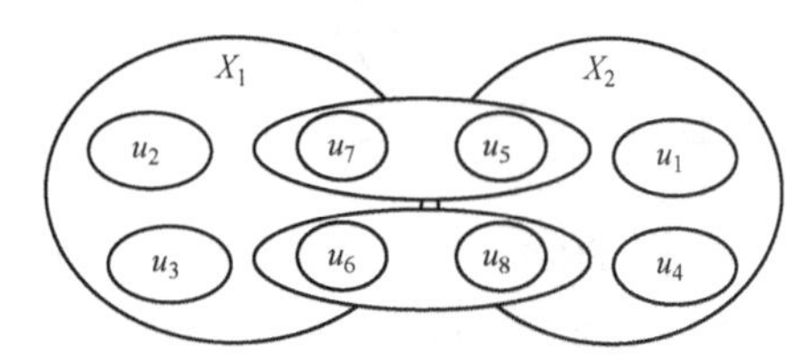

图 4.14　上、下近似集图示

三、近似精度和分类质量

设某信息系统 $S=\{U,Q,V,f\}$满足 $X\subset U$ 和 $P\subseteq Q$，定义 S 上 X 的近似精度为（card(X)表示 X 成员个数）：

$$\mu_P(X)=\frac{\underline{\mu}_P(X)}{\overline{\mu}_P(X)}=\frac{\mathrm{card}(\underline{P}X)}{\mathrm{card}(\overline{P}X)}$$

设某信息系统 S, $P\subseteq Q$, 假设 $\Psi=\{X_1,X_2,\cdots,X_n\}$是 U 的一个分类（子集族），并且有 $X_i\subseteq U$，那么Ψ的 $P-$下近似和 $P-$上近似可以分别被表示为：

$$\underline{P}\Psi=\{\underline{P}X_1,\underline{P}X_2,\cdots,\underline{P}X_n\}$$

$$\overline{P}\Psi=\{\overline{P}X_1,\overline{P}X_2,\cdots,\overline{P}X_n\}$$

分类Ψ的近似精度为：

$$\beta_P(\psi)=\frac{\sum_{i=1}^{n}\mathrm{card}(\underline{P}X_i)}{\sum_{i=1}^{n}\mathrm{card}(\overline{P}X_i)}$$

由属性子集 $P\subseteq Q$ 确定的分类Ψ的分类质量为：

$$\gamma_P(\psi)=\frac{\sum_{i=1}^{n}\mathrm{card}(\underline{P}X_i)}{\mathrm{card}(U)}$$

分类质量描述的是通过属性子集 P 正确分类的对象数与信息系统中所有对象数的比值。这是评价属性子集 P 重要性的主要指标之一。

例如，一个申请信用卡的训练集见表 4.7。

表 4.7　一个申请信用卡的训练集

申请人编号	条件属性				决策属性 d
	c_1 账号	c_2 余额	c_3 职业	c_4 月消费	
1	银行	中（700）	有	低	接受
2	银行	低（300）	有	高	拒绝
3	无	低（0）	有	中	拒绝
4	其他机构	高（1 200）	有	高	接受
5	其他机构	中（800）	有	高	拒绝
6	其他机构	高（1 600）	有	低	接受
7	银行	高（3 000）	无	中	接受
8	无	低（0）	无	低	拒绝

原始属性集 $A=\{c_1, c_2, c_3, c_4\}$ 的分类质量为：

$$\gamma_P(\psi)=\frac{\sum_{i=1}^{n}\text{card}(\underline{P}X_i)}{\text{card}(U)}$$

$$\gamma_0=\frac{\sum_{i=1}^{8}\text{card}(\underline{A}X_i)}{\text{card}(U)}=\frac{8}{8}=1$$

令 $R=\{c_2, c_4\}$，重新计算分类质量，得：

$$\gamma_{\{c_2,c_4\}}=\frac{\sum_{i=1}^{8}\text{card}(\underline{\{c_2,c_4\}}X_i)}{\text{card}(U)}=\frac{8}{8}=1$$

四、属性约简及核

属性约简（Attribute Reduction）[13]：在一个信息系统 S 中，假设 Ψ 是 S 上的一个分类，并且约简后的最小属性子集具有和原始属性集相同的分类质量，即存在 $R\subseteq P\subseteq Q$，使得 $\gamma_R(\psi)=\gamma_P(\psi)$，称为属性集 P 的 Ψ- 约简，记作 $\text{Redu}_{\Psi}(P)$。

所有 Ψ- 约简的交集统称为 Ψ- 核，即 $\text{Core}_{\Psi}(P)=\bigcap\text{Redu}_{\Psi}(P)$，核是信息系统中最重要的属性。

【说明】在大多数情况下，分类是由多个甚至一个属性来决定的，而不是由关系数据库中的所有属性的微小差异来决定的。属性约简及核的概念为提取系统中重要属性及其值提供了强力的数学工具，并且这种约简是本着不破坏原始数据集的分类质量进行的，通俗地说，它是完全“保真”的[14]。

关于核的计算，有人提出了差别矩阵[15]（Discernibility Matrix，也译作可辨识矩阵）。在信息系统 $S=(U, C\cup D, V, f)$ 中，C 为条件属性，D 为决策属性，且对象全集 U 按决策属性

D 分成不相交的类族，即 $=\{X_1, X_2, \cdots, X_m\}$，则 S 中 C 的差别矩阵 $\boldsymbol{M}(C)=\{m_{i,j}\}_{n\times n}$ 定义为：

$$m_{i,j}=\begin{cases}\varnothing,\ x_i,x_j\in\tilde{D}\text{的同一等价类}\\ \{-1\},\quad x_i,x_j\in\tilde{D}\text{的不同等价类，对}\ \ \forall c\in C, f(c,x_i)=f(c,x_j)\\ \{c\in C: f(c,x_i)\neq f(c,x_j)\},\ x_i,x_j\in\tilde{D}\text{的不同等价类}\end{cases}$$

其中，$1\leqslant i<j\leqslant n$。

差别矩阵与信息系统的核具有以下关系：对所有的 $c\in C$，$c\in \mathrm{CORE}(C, D)$ 的充要条件是存在 i,j（$1\leqslant i<j\leqslant n$），使得 $m_{i,j}=\{c\}$。

“含糊”是指两个对象具有完全相同的条件属性，并且这两个对象属于不同的类，在差别矩阵中，x_i, x_j 是含糊的充分必要条件是存在 i，j（$1\leqslant i<j\leqslant n$），使得 $m_{i,j}=\{-1\}$。

例如，由表 4.8 可知，决策 $d=\{$接受，拒绝$\}$，故按决策属性 d 可以分为两个等价类：$\{x_1, x_4, x_6, x_7\}$ 和 $\{x_2, x_3, x_5, x_8\}$。

表 4.8　一个申请信用卡的训练集

申请人编号	条件属性				决策属性 d
	c_1 账号	c_2 余额	c_3 职业	c_4 月消费	
1	银行	中（700）	有	低	接受
2	银行	低（300）	有	高	拒绝
3	无	低（0）	有	中	拒绝
4	其他机构	高（1 200）	有	高	接受
5	其他机构	中（800）	有	高	拒绝
6	其他机构	高（1 600）	有	低	接受
7	银行	高（3 000）	无	中	接受
8	无	低（0）	无	低	拒绝

根据差别矩阵的计算公式可得如下矩阵：

$$\begin{bmatrix}\varnothing & \{c_2,c_4\} & \{c_1,c_2,c_4\} & \varnothing & \{c_1,c_4\} & \varnothing & \varnothing & \{c_1,c_2,c_3\}\\ & \varnothing & \varnothing & \{c_1,c_2\} & \varnothing & \{c_1,c_2,c_4\} & \{c_2,c_3,c_4\} & \varnothing\\ & & \varnothing & \{c_1,c_2,c_4\} & \varnothing & \{c_1,c_2,c_4\} & \{c_1,c_2,c_3\} & \varnothing\\ & & & \varnothing & \{c_2\} & \varnothing & \varnothing & \{c_1,c_2,c_3,c_4\}\\ & & & & \varnothing & \{c_2,c_4\} & \{c_1,c_2,c_3,c_4\} & \varnothing\\ & & & & & \varnothing & \varnothing & \{c_1,c_2,c_3\}\\ & & & & & & \varnothing & \{c_1,c_2,c_4\}\\ & & & & & & & \varnothing\end{bmatrix}$$

属性 c 是条件属性 C 和决策属性 D 的核的充要条件是：存在 i, j（$1<i<j<n$），使得 $m_{ij=}\{c\}$。由上述矩阵可知，存在 $i=4$，$j=5$，使得 $m_{4,5}=\{c_2\}$，故其核为$\{c_2\}$。

例如，考虑表 4.9 所示决策表，条件属性为 a，b，c，d，决策属性为 e。

表 4.9 决策表实例

U/A	a	b	c	d	e
u_1	1	0	2	1	0
u_2	0	0	1	2	1
u_3	2	0	2	1	0
u_4	0	0	2	2	2
u_5	1	1	2	1	0

所得矩阵如下：

u	u_1	u_2	u_3	u_4	u_5
u_1					
u_2	a，c，d				
u_3		a，c，d			
u_4	a，d	c	a，d		
u_5		a，b，c，d		a，b，d	

由上述差别矩阵很容易得到核为$\{c\}$。

差别函数 $f_{M(S)}$ 为 $c\wedge(a\vee d)$，即$(a\wedge c)\vee(c\wedge d)$。

得到两个约简$\{a, c\}$和$\{c, d\}$。

根据得到的两个约简，可得两个约简后的新决策表，见表 4.10 和表 4.11。

表 4.10 决策表 1

U/A	a	c	e
u_1	1	2	0
u_2	0	1	1
u_3	2	2	0
u_4	0	2	2
u_5	1	2	0

表 4.11 决策表 2

U/A	c	d	e
u_1	2	1	0
u_2	1	2	1
u_3	2	1	0
u_4	2	2	2
u_5	2	1	0

例如，见表4.12～表4.14，用$I=(U,A)$表示一个医学诊断的信息系统。其中，$U=\{e_1, e_2,\cdots, e_6\}$，$A=\{A,T\}\cup\{F\}$。为方便表达，头痛属性用1表示“是”，0表示“否”；体温属性用2表示“很高”，1表示“高”，0表示“正常”，则表4.13的简化形式见表4.14。

表4.12　医学诊断信息系统的描述

实例	头痛A	体温T	流感F
e_1	是	正常	否
e_2	是	高	是
e_3	是	很高	是
e_4	否	正常	否
e_5	否	高	否
e_6	否	很高	是

表4.13　简化后的决策系统

U	A	T	F
e_1	1	0	0
e_2	1	1	1
e_3	1	2	1
e_4	0	0	0
e_5	0	1	0
e_6	0	2	1

表4.14　对应决策为1的决策矩阵

e	e_1	e_4	e_5
e_2	$(T,1)$	$(A,1)\vee(T,1)$	$(A,1)$
e_3	$(T,2)$	$(A,1)\vee(T,2)$	$(A,1)\vee(T,2)$
e_6	$(A,0)\vee(T,2)$	$(T,2)$	$(T,2)$

将决策矩阵中每行的元素进行合取，然后进行简化，得到相应的必然规则：

- $(T,1)\wedge((A,1)\vee(T,1))\wedge(A,1)\rightarrow(F,1)$

得
$$(T,1)\wedge(A,1)\rightarrow(F,1) \tag{1}$$

- $(T,2)\wedge((A,1)\vee(T,2))\wedge((A,1)\vee(T,2))\rightarrow(F,1)$

得
$$(T,2)\wedge(A,1)\rightarrow(F,1) \tag{2}$$

- $((A,0)\vee(T,2))\wedge(T,2)\wedge(T,2)\rightarrow(F,1)$

得
$$(T,2)\wedge(A,0)\rightarrow(F,1) \tag{3}$$

又由式（2）和式（3）可知，不管属性A（头痛）是否发生，只要属性T（体温）“很高”

（值为 2），则决策属性 F（流感）一定为 1，即表明一定是得了“流感”，故有

$$(T,2)\rightarrow(F,1) \tag{4}$$

五、属性之间的相关程度

在信息系统 $S=(U, C\cup D, V, f)$中，假设 $D^*=\{X_1, X_2,\cdots, X_m\}$，那么把属性子集 $P\subseteq C$ 关于决策属性 D 的“正区域”定义为：

$$\mathrm{POS}_P(D)=\bigcup\{\underline{B}X : X\in\tilde{D}\}$$

P 关于 D 的正区域表示那些根据属性子集 P 就能正确分入的所有对象。

条件属性子集 $P\subseteq C$ 与决策属性 D 的相关程度（也称依赖程度）定义为：

$$k(P,D)=\frac{\mathrm{card}(\mathrm{POS}_P(D))}{\mathrm{card}(U)}$$

显然，$0\leqslant k(P,D)\leqslant 1$。$k(P,D)$为计算条件属性子集 P 与决策属性 D 之间的相关程度提供了非常有力的手段。

六、属性的有效值

一个属性 $p\in P\subseteq C$ 的有效值（Significant Value）定义为：

$$\mathrm{SGF}(p,P,D)=k(P,D)-K(P-\{p\},D)$$
$$=\frac{\mathrm{card}(\mathrm{POS}_P(D))-\mathrm{card}(\mathrm{POS}_{P-\{p\}}(D))}{\mathrm{card}(U)}$$

属性 p 的有效值越大，表明其对条件属性与决策属性之间的影响越大，即其重要性也越大。

例：已知表 4.15 的 $\mathrm{Core}(C, D)=\{c_2\}$，并且假设 $R=\mathrm{Core}(C, D)=\{c_2\}$，计算属性 A 的重要性程度。

表 4.15　数据表格

申请人编号	条件属性				决策属性 d
	c_1 账号	c_2 余额	c_3 职业	c_4 月消费	
1	银行	中（700）	有	低	接受
2	银行	低（300）	有	高	拒绝
3	无	低（0）	有	中	拒绝
4	其他机构	高（1 200）	有	高	接受
5	其他机构	中（800）	有	高	拒绝
6	其他机构	高（1 600）	有	低	接受
7	银行	高（3 000）	无	中	接受
8	无	低（0）	无	低	拒绝

属性 A 的重要性程度计算过程如下所示：

$$\text{gain} = \gamma_{R\cup\{a\}} - \lambda_R$$

$$\text{gain}\{c_1\} = \gamma_{\{c_1,c_2\}} - r_{\{c_2\}} = \frac{\sum_{i=1}^{8}\text{card}(\underline{\{c_1,c_2\}}X_i) - \sum_{i=1}^{8}\text{card}(\underline{\{c_2\}}X_i)}{\text{card}(U)}$$

$$\begin{aligned}\text{gain}\{c_1\} = \gamma_{\{c_1,c_2\}} - r_{\{c_2\}} &= \frac{\sum_{i=1}^{6}\text{card}(\underline{\{c_1,c_2\}}X_i) - \sum_{i=1}^{2}\text{card}(\underline{\{c_2\}}X_i)}{\text{card}(U)} \\ &= \frac{[\text{card}(\{x_1\}) + \cdots + \text{card}(\{x_7\})] - [\text{card}(\{x_2,x_3,x_8\}) + \text{card}(\{x_4,x_6,x_7\})]}{\text{card}(U)} \\ &= \frac{(1+1+2+2+1+1)-(3+3)}{8} = \frac{8-6}{8} = 0.25\end{aligned}$$

七、属性值约简

属性值约简（Attribute Value Reduction），即最小复合（Minimal Complex）。设 B 是一个由决策值对（d, w）表示的所有对象（概念）的下或上近似，当且仅当

$$\varnothing \neq \bigcap_{t\in T}[t] \subseteq B$$

时，称集合 B 依赖于一个属性值对的集合 T。

集合 T 是 B 的最小复合，当且仅当 B 依赖于 T，且无 $S\subset T$ 时，B 依赖于 S。

例：已知表见表 4.16。

表 4.16 已知表

No.	Age	Pregnancies	Body–fat	Cholesterol	Breast–cancer
1	29..41	1..4	18..28	188..197	no
2	42..56	1..4	18..28	198..320	no
3	42..56	0	29..37	198..320	yes
4	29..41	0	29..37	198..320	yes
5	57..64	1..4	18..28	198..320	no
6	42..56	1..4	18..28	188..197	yes
7	29..41	1..4	18..28	188..197	no
8	42..56	1..4	29..37	198..320	yes
9	57..64	1..4	29..37	198..320	yes
10	57..64	1..4	18..28	188..197	no

设 a=Age，b=Pregnancies，c=Body–fat，d=Cholesterol，条件属性 $C=\{a, b, c, d\}$，决策属性 D={Breast–cancer}，得如下差别矩阵：

$$
\begin{bmatrix}
\varnothing & \varnothing & \{a,b,c,d\} & \{b,c,d\} & \varnothing & \{a\} & \varnothing & \{a,c,d\} & \{a,c,d\} & \varnothing \\
 & \varnothing & \{b,c\} & \{a,b,c\} & \varnothing & \{d\} & \varnothing & \{c\} & \{a,c\} & \varnothing \\
 & & \varnothing & \varnothing & \{a,b,c\} & \varnothing & \{a,b,c,d\} & \varnothing & \varnothing & \{a,b,c,d\} \\
 & & & \varnothing & \{a,b,c\} & \varnothing & \{b,c,d\} & \varnothing & \varnothing & \{a,b,c,d\} \\
 & & & & \varnothing & \{a,d\} & \varnothing & \{a,c\} & \{c\} & \varnothing \\
 & & & & & \varnothing & \{a\} & \varnothing & \varnothing & \{a\} \\
 & & & & & & \varnothing & \{a,c,d\} & \{a,c,d\} & \varnothing \\
 & & & & & & & \varnothing & \varnothing & \{a,c,d\} \\
 & & & & & & & & \varnothing & \{c,d\} \\
 & & & & & & & & & \varnothing
\end{bmatrix}
$$

得 $\mathrm{Core}(C, D) = \{a, c, d\}$。经属性值约简后，删除多余属性 b，即 Pregnancies，得表 4.17 所示的简化决策表。

表 4.17　简化决策表

No.	Age	Body–fat	Cholesterol	Breast–cancer
1	29..41	18..28	188..197	no
2	42..56	18..28	198..320	no
3	42..56	29..37	198..320	yes
4	29..41	29..37	198..320	yes
5	57..64	18..28	198..320	no
6	42..56	18..28	188..197	yes
7	29..41	18..28	188..197	no
8	42..56	29..37	198..320	yes
9	57..64	29..37	198..320	yes
10	57..64	18..28	188..197	no

由表 4.19 可知，该表存在两个决策值对：（Breast–cancer, no）和（Breast–cancer, yes），且

$D_1 = (\text{Breast–cancer,no}) = \{x_1, x_2, x_5, x_7, x_{10}\}$

$D_2 = (\text{Breast–cancer, yes}) = \{x_3, x_4, x_6, x_8, x_9\}$

此外，有如下属性值对：

$A_1 = (\text{Age, 29..41}) = \{x_1, x_4, x_7\}$

$A_2 = (\text{Age, 42..56}) = \{x_2, x_3, x_6, x_8\}$

$A_3 = (\text{Age, 57..64}) = \{x_5, x_9, x_{10}\}$

$B_1 = (\text{Body–fat, 18..28}) = \{x_1, x_2, x_5, x_6, x_7, x_{10}\}$

$B_2 = (\text{Body–fat, 29..37}) = \{x_3, x_4, x_8, x_9\}$

$C_1 = (\text{Cholesterol, 188..197}) = \{x_1, x_6, x_7, x_{10}\}$

$C_2 = (\text{Cholesterol, 198..320}) = \{x_2, x_3, x_4, x_5, x_8, x_9\}$

① 因 $B_2 =$（Body–fat, 29..37）$= \{x_3, x_4, x_8, x_9\} \subset D_2 =$（Breast–cancer）$= \{x_3, x_4, x_6, x_8, x_9\}$，令 $T = B_2$，T 即为 B_2 的最小复合，故可得规则：

$$(\text{Body-fat, 29..37}) \rightarrow (\text{Breast-cancer, yes}) \quad (1)$$

同时，根据最小复合的定义可知，任何与 B_2 一起构成集合 T 的情况，均非最小复合。

② 由于 $A_1 \not\subset D_1$ 且 $A_1 \not\subset D_2$，$B_1 \not\subset D_1$ 且 $B_1 \not\subset D_2$，令 $T=\{A_1, B_1\}$，即 $T=\{A_1, B_1\}=\{\{x_1, x_4, x_7\}, \{x_1, x_2, x_5, x_6, x_7, x_{10}\}\}$，有 $\varnothing \neq \bigcap_{t\in T}[t] = A_1 \cap B_1 = \{x_1, x_7\} \subset D_1 = (\text{Breast}-\text{cancer,no}) = \{x_1, x_2, x_5, x_7, x_{10}\}$ 且不存在 $T' \subset T$，使得 B 依赖于 T'，故可得规则

$$(\text{Age, 29..41})\&(\%\text{Body-fat, 18..28}) \rightarrow (\text{Breast-cancer, no}) \quad (2)$$

③ 同理，令 $T=\{A_1, C_1\}$，得

$$\varnothing \neq \bigcap_{t\in T}[t] = A_1 \cap C_1 = \{x_1, x_7\} = A_1 \cap B_1 \subset D_1$$

虽然 $T=\{A_1, C_1\}$ 也是一个最小复合，但由于交集 $\{x_1, x_7\}$ 与②中的相同，说明两者实际上是同一条规则，故应略去，而要略去哪一条规则（或者说要保留哪一条规则），还需考虑哪些属性更重要，即应取最关键的属性所组成的规则。

在该例中，由差别矩阵的计算结果可知，属性 Body-fat 的重要性大于属性 Cholesterol 的，因此略去 A_1 与 C_1 组成的规则。

④ 令 $T=\{A_1, C_2\}$，得 $A_1 \cap C_2=\{x_4\} \subset B_2$，此种情况已被 B_2 所包含，故不必单独生成一条规则。

⑤ 令 $T=\{A_2, B_1\}$，得 $A_2 \cap B_1=\{x_2, x_6\} \not\subset D_1$，且 $\not\subset D_2$，故不能生成一条规则。

⑥ 令 $T=\{A_2, C_1\}$，得 $A_2 \cap C_1=\{x_6\} \subset D_2=\{x_3, x_4, x_6, x_8, x_9\}$，故有

$$(\text{Age, 42..56}) \& (\text{Cholesterol, 188..197}) \rightarrow (\text{Breast-cancer, yes}) \quad (3)$$

⑦ 令 $T=\{A_2, C_2\}$，得 $A_2 \cap C_2=\{x_2, x_3, x_8\} \not\subset D_1$，且 $\not\subset D_2$，故不能生成一条规则。

⑧ 令 $T=\{A_3, B_1\}$，得 $A_3 \cap B_1=\{x_5, x_{10}\} \subset D_1=\{x_1, x_2, x_5, x_7, x_{10}\}$，故有

$$(\text{Age, 57..64}) \& (\text{Body-fat, 18..28}) \rightarrow (\text{Breast-cancer, no}) \quad (4)$$

属性值约简举例：

⑨ 令 $T=\{A_3, C_1\}$，得 $A_3 \cap C_1=\{x_{10}\} \subset A_3 \cap B_1=\{x_5, x_{10}\}$，故已被规则④所包含，无须生成一条规则。

⑩ 令 $T=\{A_3, C_2\}$，得 $A_3 \cap C_2=\{x_5, x_9\} \not\subset D_1$，且 $\not\subset D_2$，故不能生成一条规则。

⑪ 令 $T=\{B_1, C_1\}$，得 $B_1 \cap C_1=C_1=\{x_1, x_6, x_7, x_{10}\} \not\subset D_1$，且 $\not\subset D_2$，故不能生成一条规则。

⑫ 令 $T=\{B_1, C_2\}$，得 $B_1 \cap C_2=\{x_2, x_5\} \subset D_1=\{x_1, x_2, x_5, x_7, x_{10}\}$，有

$$(\text{Body-fat, 18..28}) \& (\text{Cholesterol, 198..320}) \rightarrow (\text{Breast-cancer, no})$$

因此，共得 5 条规则：

$$(\text{Body-fat, 29..37}) \rightarrow (\text{Breast-cancer, yes}) \quad (1)$$

$$(\text{Age, 29..41}) \& (\text{Body-fat, 18..28}) \rightarrow (\text{Breast-cancer, no}) \quad (2)$$

$$(\text{Age, 42..56}) \& (\text{Cholesterol, 188..197}) \rightarrow (\text{Breast-cancer, yes}) \quad (3)$$

$$(\text{Age, 57..64}) \& (\text{Body-fat, 18..28}) \rightarrow (\text{Breast-cancer, no}) \quad (4)$$

$$(\text{Body-fat, 18..28}) \& (\text{Cholesterol, 198..320}) \rightarrow (\text{Breast-cancer, no}) \quad (5)$$

【注意】若取 $T=\{A_1, B_1, C_1\}$，则必然存在 T 的真子集 T'，如 $T'=\{A_1, B_1\} \subset T$，或 $\{A_1, C_1\}$，使得

$$\varnothing \neq \bigcap_{t\in T'}[t] \subseteq B$$

即为上述步骤②和③两种情况，表明 $T=\{A_1, B_1, C_1\}$不是最小复合。其余情况类似，故不赘述。

八、一般约简

在粗糙集理论中，“约简”与“核”是两个重要的基本概念。

设 R 是一个等价关系族，且 $r\in R$，若有

$$\text{Ind}(R)=\text{Ind}(R\_\{r\})$$

则称 r 在等价关系族 R 中是可省略的，否则，r 为 R 中不可省略的。

如果族 R 中每一个 r 都是不可省略的，那么称族 R 为独立的。在用属性集 R 表达系统的知识时，R 为独立的是指属性集中的属性是必不可少的。它独立地组成一组可以表达系统分类知识的特征。

定义：设 $Q\subseteq P$，若 Q 是独立的，且 $\text{Ind}(Q)=\text{Ind}(R)$，那么称 Q 是等价关系族 P 的一个约简，记为 Red (P)。P 中所有不可省略关系的集合称为等价关系族 P 的核，并且记为 Core (P)。

知识约简与核的关系是：约简集 Red (P)的交集等于 P 的核，即

$$\text{Core}(P)=\bigcap \text{Red}(P)$$

一方面，核是所有约简的计算基础；另一方面，核是知识库中最重要的部分，是进行知识约简时不可删除的知识。

例：设有知识库 $K=\{U, R\}$，其中 $U=\{x_1, x_2, \cdots, x_8\}$，$R=\{R_1, R_2, R_3\}$，等价关系 R_1, R_2, R_3 的等价类如下：

$U/R_1=\{\{x_1, x_4, x_5, x_6\}, \{x_2, x_3\}, \{x_7, x_8\}\}$

$U/R_2=\{\{x_1, x_2, x_5\}, \{x_4, x_6, x_7\}, \{x_3, x_8\}\}$

$U/R_3=\{\{x_1, x_2, x_5\}, \{x_4, x_6\}, \{x_3, x_7\}, \{x_8\}\}$

求约简和核。

解：由题意，有下列等价类：

$U/\text{Ind}(R)=\{\{x_1, x_5\}, \{x_2\}, \{x_3\}, \{x_4, x_6\}, \{x_7\}, \{x_8\}\}$

$U/\text{Ind}(R-R_1)=U/\{R_2, R_3\}=\{\{x_1, x_2, x_5\}, \{x_3\}, \{x_4, x_6\}, \{x_7\}, \{x_8\}\} \neq U/\text{Ind}(R)$

$U/\text{Ind}(R-R_2)=U/\{R_1, R_3\}=\{\{x_1, x_5\}, \{x_2\}, \{x_3\}, \{x_4, x_6\}, \{x_7\}, \{x_8\}\}=U/\text{Ind}(R)$

$U/\text{Ind}(R-R_3)=U/\{R_1, R_2\}=\{\{x_1, x_5\}, \{x_2\}, \{x_3\}, \{x_4, x_6\}, \{x_7\}, \{x_8\}\}=U/\text{Ind}(R)$

因此，R_1 是 R 中不可省的，R_2 和 R_3 是 R 中可省的。

又因为 $U/\text{Ind}(\{R_1, R_2\})\neq U/\text{Ind}(R_2)$且 $U/\text{Ind}(\{R_1, R_2\})\neq U/\text{Ind}(R_1)$，因此 R_1 和 R_2 是独立的，所以$\{R_1, R_2\}$是 R 的一个约简。同理，$\{R_1, R_3\}$也是 R 的一个约简。

故核 $\text{Code}(R)=\{R_1, R_2\}\cap\{R_1, R_3\}=R_1$。

九、分辨矩阵与分辨函数

1. 分辨矩阵

设 $S=(U, R, V, f)$ 为一信息系统，$R=C\cup D$ 是属性集合，并且子集 $C=\{a_i|i=1, 2, \cdots, m\}$ 和 $D=\{d\}$分别为条件属性集和决策属性集，$U=\{x_1, x_2, \cdots, x_n\}$为论域，$a_k(x_j)$是样本 x_j 在属性 a_k 上的取值。这里定义系统的分辨矩阵为 $\boldsymbol{M}(S)=[m_{ij}]_{n\times n}$，其 i 行 j 列处元素为

$$m_{ij}=\begin{cases}a_k\in C, & a_k(x_i)\neq a_k(x_j)\wedge D(x_i)\neq D(x_j)\\ \varnothing, & D(x_i)=D(x_j)\quad i,j=1,2,\cdots,n\end{cases}$$

因此，分辨矩阵中元素 m_{ij} 是能够区分对象 x_i 和 x_j 的所有属性的集合；但若 x_i 和 x_j 同属于一个决策类时，分辨矩阵中元素 m_{ij} 的取值为空集∅。

分辨矩阵是一个以主对角线对称的 n 阶方阵，在进行分辨矩阵运算时，只需考虑其上三角（或下三角）部分。

2. 分辨函数[16]

对于任何一个分辨矩阵 $\boldsymbol{M}(S)$，都对应着唯一的分辨函数 $f_{\boldsymbol{M}(S)}$，其定义为：信息系统 S 的分辨函数是一个具有 m 元变量 a_1，a_2，⋯，a_m（$a_i\in C$，$i=1$，2，⋯，m）的布尔函数，它是（$\vee m_{ij}$）的和取，而（$\vee m_{ij}$）是矩阵项 m_{ij} 中各元素的析取，即

$$f_{\boldsymbol{M}(S)}(a_1,a_2,\cdots,a_m)=\wedge\{\vee m_{ij},1\leqslant j<i\leqslant n,m_{ij}\neq\varnothing\}$$

分辨函数的析取范式中的每一个和取式都对应着一个约简。而核则是分辨矩阵中所有单个元素组成的集合，即

$$\mathrm{Core}(R)=\{a_k\in R:m_{ij}=\{a_k\},1\leqslant j<i\leqslant n\}$$

根据分辨函数与约简的对应关系，可以得到计算信息系统 S 约简 $\mathrm{Red}(S)$ 的方法：

① 计算信息系统 S 的分辨矩阵 $\boldsymbol{M}(S)$；

② 计算分辨矩阵 $\boldsymbol{M}(S)$ 对应的分辨函数 $f_{\boldsymbol{M}(S)}$；

③ 计算分辨函数 $f_{\boldsymbol{M}(S)}$ 的最小析取范式，其中每个析取分量对应一个约简。

例：设有信息系统 $S=(U,R)$，$U=\{x_1,x_2,\cdots,x_6\}$，$R=\{a,b,c,d\}$，其数据见表 4.18。利用分辨矩阵及分辨函数求约简及核。

表 4.18 数据表

信息系统	a	b	c	d
x_1	0	0	0	0
x_2	0	2	1	1
x_3	0	1	0	0
x_4	1	2	1	2
x_5	1	0	0	1
x_6	1	2	1	2

解：分辨矩阵 $\boldsymbol{M}(S)$ 见表 4.19。

分辨函数为：

$f_{\boldsymbol{M}(S)}(a,b,c,d)=(b\vee c\vee d)\wedge(b)\wedge(a\vee b\vee c\vee d)$

$\wedge(a\vee d)\wedge(a\vee b\vee c\vee d)$

$\wedge(b\vee c\vee d)\wedge(a\vee d)$

$\wedge(a\vee b\vee c)\wedge(a\vee d)$

$\wedge(a\vee b\vee c\vee d)\wedge(a\vee b\vee d)$

$\wedge(a \vee b \vee c \vee d) \wedge (b \vee c \vee d)$

$\wedge(b \vee c \vee d)$

$= b \wedge (a \vee d) = ab \vee bd$

因此，该信息系统有两个约简：$\{a, b\}$和$\{b, d\}$，核是$\{b\}$。

表 4.19　分辨矩阵

信息系统	x_1	x_2	x_3	x_4	x_5	x_6
1						
2	b，c，d					
3	b	b，c，d				
4	a，b，c，d	a，d	a，b，c，d			
5	a，d	a，b，c	a，b，d	b，c，d		
6	a，b，c，d	a，d	a，b，c，d	—	b，c，d	

4.3.3　计算实例

例：长期以来，中东局势一直动荡不安且变幻莫测，有人对该地区的局势进行了较深入的研究，并总结出中东局势所牵涉的主要国家和地区及其关心的主要问题，见表 4.20。

表 4.20　中东局势所牵涉的主要国家和地区及其关心的主要问题

主要问题国家和地区	建立自治的巴勒斯坦国（a）	以色列沿着约旦河部署军队（b）	以色列占领东耶路撒冷（c）	以军驻守在戈兰高地（d）	承认巴勒斯坦人国籍（e）	UN 大会的决议（f）
1. 以色列	反对	赞同	赞同	赞同	赞同	Reject
2. 埃及	赞同	中立	反对	反对	反对	Accept
3. 巴勒斯坦	赞同	反对	反对	反对	中立	Accept
4. 约旦	中立	反对	反对	中立	反对	Reject
5. 叙利亚	赞同	反对	反对	反对	反对	Reject
6. 沙特	中立	赞同	反对	中立	赞同	Accept

其中，UN 大会的决议（f）为决策属性，其他均为条件属性。

问题 1：利用粗糙集理论中的相关原理及公式计算下列问题。

① 试写出根据决策属性f得到的等价类。

② 设$P = \{a, c\}$，试分别计算决策属性f为 Reject 和 Accept 时的下近似$\underline{P}X$和上近似$\overline{P}X$。注意：应该有 4 个近似集。

③ 写出差别矩阵（Discernibility Matrix），并给出核（Core）。

④ 根据差别函数计算属性值约简，并给出最佳约简属性。

实例分析：关于问题①的解答。

【问题①】试写出根据决策属性 f 得到的等价类。

【解答】对决策属性 f 而言，有两个等价类，分别为：

对应于 Reject：{1, 4, 5}

对应于 Accept：{2, 3, 6}

实例分析：关于问题②的解答。

【问题②】设 $P=\{a, c\}$，试分别计算决策属性 f 分别为 Reject 和 Accept 时的下近似 $\underline{P}X$ 和上近似 $\overline{P}X$。注意：应该有 4 个近似集。

【解答】因 $P=\{a,c\}$，故有 $U/P=\{\{1\},\{2,3,5\},\{4,6\}\}$。

–对应于 Reject，因其等价类为{1, 4, 5}，故有

- 下近似集：{1}
- 上近似集：{1, 2, 3, 4, 5, 6}

–对应于 Accept，因其等价类为{2, 3, 6}，故有

- 下近似集：{∅}
- 上近似集：{2, 3, 4, 5, 6}

实例分析：关于问题③的解答。

【问题③】写出差别矩阵（Discernibility Matrix），并给出核（Core）。

【解答】差别矩阵为：

$$\begin{bmatrix} \varnothing & \{a,b,c,d,e\} & \{a,b,c,d,e\} & \varnothing & \varnothing & \{a,c,d\} \\ & \varnothing & \varnothing & \{a,b,d\} & \{b\} & \varnothing \\ & & \varnothing & \{a,d,e\} & \{e\} & \varnothing \\ & & & \varnothing & \varnothing & \{b,e\} \\ & & & & \varnothing & \{a,b,d,e\} \\ & & & & & \varnothing \end{bmatrix}$$

核为：$\{b, e\}$

实例分析：关于问题④的解答。

【问题④】根据差别函数计算属性值约简，并给出最佳约简属性。

【解答】由分类质量计算公式可知，原始属性集的分类质量为 1，又因核为$\{b，e\}$，故可能的属性值约简为：

– $\{a, b, e\}$

– $\{b, d, e\}$

– $\{c, b, e\}$

4.3.4 粗糙集的研究现状与展望

一、粗糙集理论的优点及局限性

主要优点是除了数据集之外，不需要任何先验知识（或信息），另外，对不确定性的描述与处理相对比较客观等。

例如，Bayes 理论、模糊集理论、证据理论等都需要先验知识，并且有很大的主观性。

其局限性在于缺少处理不精确或不确定原始数据的机制，对某些含糊概念的刻画太简单，并且无法解决涉及含糊的、模糊的不确定性问题，除此之外，其还需要其他方法的补充等。

基于以上局限性，可以与模糊集理论相结合，或者和 Dempster–Shafer 证据理论相结合等。

二、粗糙集理论的研究现状

在数学性质上，主要研究了其代数与拓扑结构、收敛性等；在粗糙集拓广方面，研究了广义粗糙集模型和连续属性离散化等；将其与模糊集理论、Dempster–Shafer 证据理论等方法相结合，实现了粗糙集理论和其他不确定性处理方法的互补。粗糙集理论是粒度计算的重要组成成员之一，并且在高效计算方面，推动了规则的增量式算法、简约的启发式算法、并行算法等现有方法的改进。

粗糙集理论可以应用在很多方面，例如，数据挖掘方面，有发现数据之间（精确或近似）的依赖关系、评价某一分类（属性）的重要程度、数据集的降维、发现数据模式、挖掘关联规则等。粗糙集理论也可以被应用在金融商业等其他领域，这里不再详述。

三、粗糙集理论和其他不确定性理论的融合协作

1. 粗糙集与概率统计相结合

粗糙集主要研究信息系统中知识的不准确、不完善的问题，它的基本方法是确定的。将粗糙集方法与概率统计方法联系，可以为确定性和不确定性知识表达系统提供一个统一模型——统计粗集模型。统计粗集模型是确定性粗集模型的扩展与补充。

2. 粗糙集与模糊集相结合

粗糙集理论与模糊集理论都是研究信息系统中知识的不完整、不确定性问题的理论。可以通过粗糙集的概念来考虑模糊集的粗近似，通过模糊划分的相似性关系来探索集合的近似问题，将二者有机结合，取长补短，大大丰富了对信息系统中不完善、不精确知识的描述和处理。

3. 粗糙集与神经网络相结合

粗糙集方法模仿人类的抽象逻辑思维，神经网络方法模仿人类的形象直觉思维，二者各有特点，但又具有公共之处，将二者相互融合，可以为智能信息处理开创一个光辉前景。

四、粗糙集研究的展望

未来对粗糙集的理论研究[17]主要包括粗糙逻辑、粗糙函数、模型拓展及理论融合等方面。随着人工智能的发展，对粗糙逻辑的研究主要在于创建基于粗糙集的不精确推理逻辑，从而在人工智能的近似或不精确推理中发挥作用。

对粗糙函数的研究主要包括针对粗糙函数的各种近似计算，粗糙函数的基本性质，关于它的存储连续、粗糙可导、粗糙积分和粗糙稳定性、粗糙函数控制及建立由粗糙实函数控制的离散动态系统等问题。

模型拓展研究方面，在继承原来的粗糙集模型的基本属性性质的前提下，研究如何扩展模型，从而更方便、准确地用于数据压缩与信息系统的分析等方面。

对理论融合的研究在于如何将粗糙集理论、模糊集理论、证据理论和概率论等不确定的理论用一个统一的逻辑模型来解释，以及实现多种模型在理论与方法上的融合协作。

粗糙集理论是一门实用性很强的学科，对它的应用研究一直备受关注，并在实际应用中迅速推广。例如，基于 RS 的实例学习系统、基于 RS 的决策支持系统、基于 RS 的数据挖掘系统、基于 RS 的数据分析和知识发现系统、基于 RS 的图像识别系统等。

今后一些可能的应用研究领域如下[18]：

① 高效约简算法。高效约简算法是粗糙集应用于知识发现的基础，目前尚不存在一种非常有效的方法。寻求快速的约简算法及其增量版本仍然是主要研究方向之一。

② 海量数据处理。现实中的数据库已经越来越大，粗糙集理论如何应付这一挑战仍旧是一个问题。探索大数据集分析处理的相应算法具有实际意义。

③ 多方法融合技术。粗糙集方法与其他的处理方法有各自的优点，近年来，粗糙集与其他方法的融合协作技术的研究一直备受关注，尤其是同神经网络、遗传算法、数字图像处理等技术的相互渗透补充，取得了良好的效果，并成为当前应用研究的热点之一。

参 考 文 献

[1] Zadeh L A. Fuzzy sets[J]. Information and Control，1965，8（3）：338–353.

[2] 高庆狮，高小宇，胡月，等. 概率论基本部分与模糊集合理论的统一定义[J]. 大连理工大学学报，2006，46（1）：141–150.

[3] 蔡文. 可拓论及其应用[J]. 科学通报，1999，44（7）：673–682.

[4] 蔡文. 可拓学概述[J]. 系统工程理论与实践，1998，18（1）：77–84.

[5] 王越超. 基于可拓变换的进化算法优化研究[D]. 广州：广东工业大学，2007.

[6] 刘颖. 基于物元的可拓遗传算法[D]. 大连：大连海事大学，2005.

[7] 杨春燕，蔡文. 可拓集合的新定义[J]. 广东工业大学学报，2001，18（1）：59–60.

[8] 蔡文. 可拓集合和不相容问题[J]. 科学探索学报，1983（1）：83–97.

[9] 薛中营. 可拓学：一门本土原创学科的创建与兴起[J]. 广西民族大学学报（自然科学版），2016（3）.

[10] 胡可云，陆玉昌，石纯一. 粗糙集理论及其应用进展[J]. 清华大学学报：自然科学版，2001，41（1）：64–68.

[11] 胥景伟. 基于粗糙集与人工免疫的入侵检测模型研究[D]. 青岛：青岛理工大学，2009.

[12] 王宗军，李红侠，邓晓岚. 粗糙集理论研究的最新进展及发展趋势[J]. 武汉理工大学学报（信息与管理工程版），2006，28（1）：43–48.

[13] 郭春根. 基于遗传算法的粗糙集属性约简研究[D]. 合肥：合肥工业大学，2007.

[14] 蒋云良，徐从富，邵斌. 基于 Rough Set 理论的推理机制的研究[J]. 计算机应用研究，2004，21（9）：110–112.

[15] 蒋瑜，王燮，叶振. 基于差别矩阵的 Rough 集属性约简算法[J]. 系统仿真学报，2008（14）：3717–3720＋3725.

[16] 吴茜媛，郑庆华，刘广东. 一种基于分辨函数的属性约简算法及其应用[J]. 西安交通大学学报，2008，42（12）：1455–1458.
[17] 王耘. 粗糙集与粗糙函数模型研究[D]. 济南：山东大学，2008.
[18] 李军. 粗糙集理论中的约简算法研究[D]. 长春：吉林大学，2004.

第5章
群智能算法

由于实际工程中接触到的复杂问题越来越多，传统方法就显得无能为力，群智能算法应运而生，日渐发展起来，如粒子群算法、蚁群算法、萤火虫算法、差分进化算法等。本章主要介绍蚁群算法、粒子群算法，简要介绍差分进化算法。

5.1 蚁群算法

蚁群算法（Ant Colony Optimization，ACO）灵感来自自然界蚁群的寻径方式，是通过对其进行模拟而得的一种仿生算法。由意大利学者 Dorigo M 等于 1991 年第一届欧洲人工生命会议（European Conference on Artificial Life，ECAL）上首次提出；次年，Dorigo M 又在其博士学位论文中进一步阐述了其核心思想。ACO 作为蚁群智能领域第一个取得成功的实例，曾一度成为蚁群智能的代名词，相应理论研究及改进算法近年来层出不穷。

目前，ACO 算法已被广泛应用于组合优化问题中，在图着色问题、车辆调度问题、车间流问题、机器人路径规划问题、路由算法设计等应用中效果良好，也有应用于连续问题的优化的尝试。

5.1.1 基本原理

自然界中的蚂蚁群居生存，蚁群中每只蚂蚁分类、分工明确。蚂蚁在移动过程中，会在它所经过的路径上留下一种称为信息素（pheromone）的物质，其他蚂蚁也能感知这种物质的位置和强弱，并以此指导自己的运动方向。通过这种信息传递机制，大量蚂蚁组成的蚁群集体行为便表现出一种信息正反馈现象：某一路径上走过的蚂蚁越多，则后来者选择该路径的概率就越大[1,2]。

一、蚁群觅食行为分析

寻找食物时，一些蚂蚁毫无规律地分散在四周游荡，如果其中一只蚂蚁找到食物，它就返回巢通知同伴，并沿途留下信息素作为蚁群前往食物所在地的标记。留下的信息素会逐渐挥发，也就是说，如果两只蚂蚁同时找到同一食物，又采取不同路线回到巢中，那么比较绕弯的一条路上信息素的气味会比较淡，则蚁群将倾向于沿另一条更近的路线前往食物所在地[3]。下面定量地介绍一下蚁群搜寻食物的具体过程。

如图 5.1 所示，*A* 为蚁穴起点，*D* 为一处食物。假设两只蚂蚁分别走 *ABD* 和 *ACD* 的路径去取食。设蚂蚁每一个时间单位会留下一个单位的信息素，则经过 12 个时间单位后，走

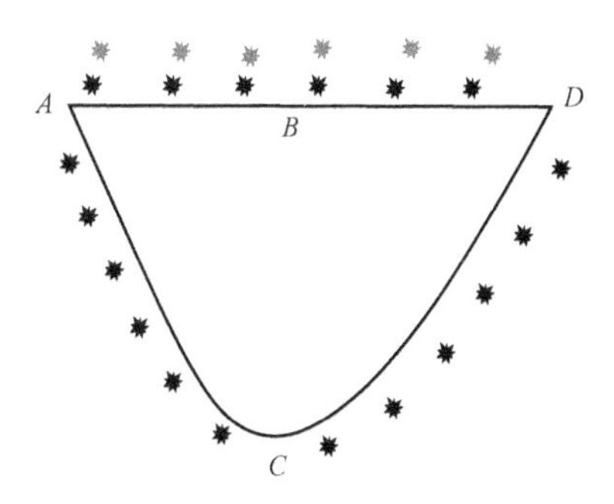

图 5.1　蚁群寻食路径图示

B 点的蚂蚁到达 D 点取到食物后，又原路返回到起点 A，而走 C 点的蚂蚁才刚好走到 D 点。此时，ABD 路线上的信息素与 ACD 路线上的信息素比为 2:1。

蚁群继续寻找食物，后面的蚂蚁会考虑信息素的指导，逐渐形成正反馈，最后所有的蚂蚁都会放弃 ACD 路线而采用 ABD 路线，即选择出了最优路线。

二、人工蚁

基于以上蚁群寻找食物时的最优路径选择问题，可以构造人工蚁群来解决最优化问题，如 TSP 问题。

人工蚁群中把具有简单功能的工作单元看作蚂蚁。与真实蚂蚁相比：

1. 相同点[4]

（1）都存在一个群体中个体相互交流通信的机制

真实蚂蚁在经过的路径上留下信息素，人工蚂蚁改变在其所经路径上存储的数字信息，也就是算法中定义的信息量。它记录了蚂蚁当前解和历史解的性能状态，并且可被其他后续人工蚂蚁读写。

（2）都要完成一个同样的任务

即寻找一条从源节点（巢穴）到目的节点（食物源）的最短路径。人工蚂蚁和真实蚂蚁都不具有跳跃性，只能在相邻节点之间一步步移动，直至遍历完所有节点。为了能在多次寻路过程中找到最短路径，则应该记录当前的移动序列。

（3）利用当前信息进行路径选择的随机选择策略

人工蚂蚁从某一节点到下一节点的移动和真实蚂蚁一样，都是利用随机选择策略实现的，概率选择策略只利用当前的信息去预测未来的情况，而不能利用未来的信息。

因此，人工蚂蚁和真实蚂蚁所使用的选择策略在时间和空间上都是局部的。

2. 不同点[4]

① 人工蚂蚁存在于一个离散的空间中，它们的移动是从一个状态到另一个状态的转换。

② 人工蚂蚁具有一定的记忆能力，能记忆已经访问过的节点。

③ 人工蚂蚁存在于一个与时间无关联的环境之中。

④ 人工蚂蚁能受到问题空间特征的启发，选择下一条路径的时候按一定算法有意识地寻找最短路径。

⑤ 为了改善算法的优化效率，人工蚂蚁可灵活地增加一些性能，如预测未来、局部优化、回退等。

三、蚂蚁行为规则

为蚂蚁寻找食物设计一个人工智能的程序，让蚂蚁能够避开障碍物，找到食物。事实上，每只蚂蚁并不像我们想象的那样需要知道整个世界的信息，它们只需要关心它们周围很小范围内的信息，遵循几条简单的规则进行决策，如此，在蚁群这个集体层面上，就会出现整体大于部分之和的复杂性的行为[5]。

那么，这些简单的规则是什么呢？

1. 范围

蚂蚁能感知到的范围是一个方格世界，设一个参数为速度半径（一般是 3），那么它能观察到的范围就是 3×3 个方格世界，并且能移动的距离也在这个范围内。

2. 环境

每只蚂蚁都仅能感知它范围内的环境信息。蚂蚁所在的环境是一个虚拟的世界，其中有障碍物、别的蚂蚁、信息素。信息素有两种：一种是找到食物的蚂蚁撒下的食物信息素，一种是找到窝的蚂蚁撒下的蚁穴信息素。环境以一定的速率参数让信息素消失。

3. 觅食

若蚂蚁能够观察到的范围内有食物，就直接过去；否则，看是否有信息素，并且比较在能感知的范围内哪一点的信息素最多，这样，它就朝信息素多的地方走。每只蚂蚁都会以小概率犯错误，并不一定是往信息素最多的点移动。蚂蚁找蚁穴的规则和上面的一样，只不过对应的是蚁穴信息素。

4. 移动

每只蚂蚁都以极大的概率向信息素最多的方向移动。当周围没有信息素指引时，蚂蚁会以极大概率按照自己原来运动的方向惯性地运动下去。在运动的方向有一个随机的小的扰动。为了防止蚂蚁原地转圈，它会记住最近刚走过了哪些点，如果发现要走的下一点已经在最近走过了，它就会尽量避开。

5. 避障

如果蚂蚁要移动的方向有障碍物挡住，它会避开该方向。

6. 播撒信息素

每只蚂蚁在刚找到食物或者蚁穴的时候散发的信息素最多，并随着它走的距离越来越远，播撒的信息素会越来越少。

每只参与觅食的蚂蚁只要遵循这几条简单规则，与周围的环境进行简单交互，就能完成蚁群复杂的群体行为。这些规则综合起来具有两个方面的特点：多样性和正反馈[6]。

多样性保证了蚂蚁在觅食的时候不至走进死胡同而无限循环，也可以看成是一种不确定性和创造性，可以打破既定的规则，进行新的探寻。正反馈机制则保证了相对优良的信息能够被保存下来，是一种经验性的学习[6]。引申来讲，大自然的进化、人类社会的发展，实际上都离不开这两种特性的巧妙交融。

5.1.2 系统模型

一、TSP

蚁群算法最早成功应用于解决著名的 TSP 问题，该算法采用分布式并行计算机制，易于与其他方法结合，并且具有较强的鲁棒性[4]。为了说明蚁群算法系统模型，首先引入旅行商问题（Travelling Salesman Problem，TSP）。

TSP 可简单描述为：一个旅行商人要拜访 n 个城市，每个城市只能拜访一次，最后要回到原来出发的城市。要求所选路径的路程为所有路径之中最短的。

TSP 可分为对称 TSP 和非对称 TSP 两大类，若两城市往返的距离相同，则为对称 TSP，否则，称为非对称 TSP[4]。为了简单起见，这里只讨论对称 TSP。

TSP 属于组合优化问题，即寻找一个组合对象，比如一个排列或一个组合，这个对象能够满足特定的约束条件并使某个目标函数取得极值——价值最大或成本最小。

二、系统模型

为模拟实际蚂蚁的行为，首先引入如下记号：

m：蚁群中蚂蚁数量；

d_{ij}：城市 i 和城市 j 之间的距离；

η_{ij}：由城市 i 转移到城市 j 的路径（i,j）的能见度，反映该路径的启发程度，在这里实际上可以取 $\eta_{ij}=1/d_{ij}$，即采用两城市之间距离的倒数作为蚁群算法的启发因子；

$\Delta\tau_{ij}$：路径（i,j）上的信息素轨迹强度；

P_{Kij}：在城市 i 的蚂蚁 K 的转移概率，城市 j 是尚未访问的城市。

根据前面所述实际蚂蚁的行为规则，每只人工蚁都是具有如下特征的简单主体[7]：

① 在从城市 i 到城市 j 的运动过程中或是在完成一次循环后，蚂蚁在路径（i,j）上释放信息素；

② 蚂蚁依据一定的概率选择下一个将要访问的城市，这个概率是两城市间距离和连接两城市的路径上存有信息素的函数[8]。

蚂蚁 K 从城市 i 到城市 j 的转移概率[1]：

$$P_{ij}^{K}(t)=\begin{cases}\dfrac{[\tau_{ij}(t)]^{\alpha}\cdot(\eta_{ij})^{\beta}}{\sum_{K\in\{\text{允许}K\}}[\tau_{iK}(t)]^{\alpha}(\eta_{iK})^{\beta}}, & j\in\{\text{允许}K\}\\ 0, & \text{其他}\end{cases} \tag{5-1}$$

较多的信息素 τ_{ij} 一般对应着较短的路径，即 τ_{ij} 越大，η_{ij} 也越大，蚂蚁选择较短路径的概率更大。这就形成了一个正反馈的过程。

③ 在完成一次循环以前，不允许蚂蚁选择已经访问过的城市。所以，需要为每只蚂蚁设定一个禁忌表，记录蚂蚁已经访问过的城市，以满足问题的约束条件。

④ 经过 n 个时刻，蚂蚁完成一次循环，各路径上留下的信息素量根据式（5–2）进行调整，使信息素随时间的推移会逐渐消散[9]：

$$\begin{cases}\tau_{ij}(t+n)=(1-\rho)\cdot\tau_{ij}(t)+\Delta\tau_{ij}(t)\\ \Delta\tau_{ij}(t)=\sum\limits_{k=1}^{n}\Delta\tau_{ij}^{k}(t)\end{cases} \tag{5-2}$$

其中，ρ 为信息素挥发因子；

$\Delta\tau_{ij}^{K}(t)$ 为第 K 只蚂蚁在时刻（$t,t+1$）留在路径（i,j）上的信息素量[8]，其值视蚂蚁表现的优劣程度而定，路径越短，信息素释放的就越多；

$\Delta\tau_{ij}(t)$ 为本次循环中路径（i,j）的信息素量的增量；

$(1-\rho)$ 为信息素轨迹的衰减系数，用来避免路径上的轨迹量的无限增加。

5.1.3 算法流程

一、蚁群算法流程

1. 流程（图 5.2）

① 记城市数目为 n，用矩阵 $\boldsymbol{C}$ 表示 n 个城市的坐标，则 $\boldsymbol{C}$ 为 $n\times 2$ 的矩阵；蚂蚁的个数为 m；循环变量为 N_c，最大循环次数为 $N_{c\max}$。

② 将 m 只蚂蚁随机放到 n 个城市上，蚂蚁数目一般小于城市的个数。

③ m 只蚂蚁按概率函数选择下一座城市，完成各自的周游。

④ 选取路径最短的一条路径作为本次循环中的最佳路径，并记录。

⑤ 更新信息素。

⑥ 清零禁忌表。

⑦ 确认是否达到最大迭代次数，如果是，则结束循环，返回结果；否则转到第③步继续循环。

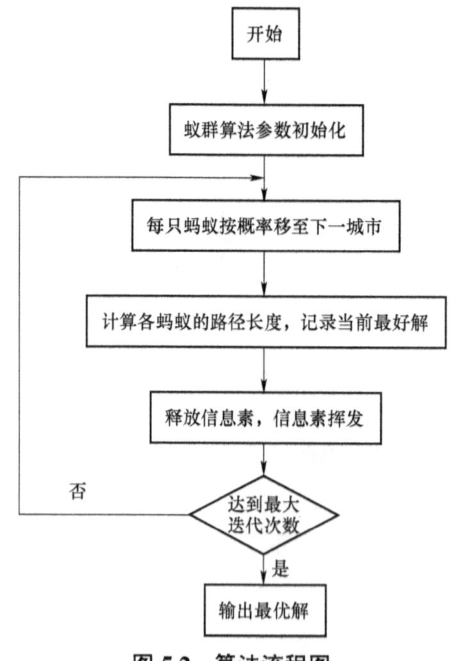

图 5.2 算法流程图

2. 程序实现[10]

① 初始化变量，包括启发因子、信息素矩阵、迭代次数、单次最佳路线，以及单次最佳路线长度。

```
D = zeros(n,n);
for i = 1:n
    for j = 1:n
        if i~ = j
            D(i,j) = ((C(i,1)-C(j,1))^2 + (C(i,2)-C(j,2))^2)^0.5;
```

```
        else
            D(i,j) = eps;
       end
       D(j,i) = D(i,j);
    end
end
Eta = 1./D;    %距离的倒数作为启发因子
Tau = ones(n,n);
Tabu = zeros(m,n);
NC = 1;
R_best = zeros(NC_max,n);
 L_best = inf.*ones(NC_max,1);
L_ave = zeros(NC_max,1);
```

② 计算待选城市的概率分布。

```
For k = 1:length(J)
P(k) = (Tau(visited(end),J(k))^Alpha)*(Eta(visited(end),J(k))^Beta);
   end
   P = P/(sum(P));
   Select = find(Pcum> = rand);
   to_visit = J(Select(1));
   Tabu(i,j) = to_visit;
```

③ 记录本次迭代最佳路线。

```
   for i = 1:m
     R = Tabu(i,:);%第 i 只蚂蚁经过的路径
        for j = 1:(n 1)
           L(i) = L(i) + D(R(j),R(j + 1));
        end
        L(i) = L(i) + D(R(1),R(n)); %第 i 只蚂蚁一轮下来后回到原处所走过的距离
    end
     L_best(NC) = min(L); %取最小距离为最佳路径
     pos = find(L = = L_best(NC));
     R_best(NC,:) =  Tabu(pos(1),:); %此轮迭代后的最佳路线
```

④ 迭代一次结束后，对信息素进行更新。

```
     for i = 1:m
     for j = 1:(n-1)
     Delta_Tau(Tabu(i,n),Tabu(i,1)) = Delta_Tau(Tabu(i,n),Tabu(i,1)
     ) + Q/L(i);
     end
     Tau = (1 Rho).*Tau + Delta_Tau; %这里考虑信息素的挥发因素
```

⑤ 最后，当达到最大迭代次数后，结束循环，并输出结果。

二、信息素更新

为避免过度的残留信息会掩码全局最优解，需要在每只蚂蚁完成一次循环后对残留信息进行更新，增强新信息，削弱旧信息。信息素的更新方式有两种：一是挥发，也就是所有路径上的信息素以一定的比率进行减少，模拟自然蚁群的信息素随时间挥发的过程；二是增强，给评价值“好”（有蚂蚁走过）的边增加信息素。其中，信息素的挥发有离线和在线两种。离线方式（同步更新方式）的主要思想是在若干只蚂蚁完成 n 个结点的访问后，统一对残留信息进行更新处理。

如蚁环算法（ant–cycle algorithm）。信息素的更新为在线更新（异步更新方式），即蚂蚁每行走一步，立即回溯并且更新行走路径上的信息素。

蚁量算法（ant–quantity algorithm）中信息素更新为：

$$\Delta\tau_{ij}(k)=Q \tag{5–3}$$

蚁密算法（ant-density algorithm）中信息素更新为：

$$\Delta\tau_{ij}(k)=\frac{Q}{d_{ij}} \tag{5–4}$$

式中，d_{ij} 表示 i 到 j 的距离，这样信息浓度会随城市距离的减小而加大。

常见的路由表信息由下式求得：

$$\alpha_{ij}(k-1)=\begin{cases}\dfrac{\tau_{ij}^{\alpha}(k-1)\eta_{ij}^{\beta}(k-1)}{\sum\limits_{l\in T}\tau_{ij}^{\alpha}(k-1)\eta_{ij}^{\beta}(k-1)}, & j\in T\\ 0\quad, & j\notin T\end{cases} \tag{5–5}$$

式中，α 为残留信息的相对重要程度；β 为预见值的相对重要程度。α 和 β 体现了相关信息痕迹和预见度对蚂蚁决策的相对影响。

TSP 问题中，

$\eta_{ij}(k-1)=1/d_{ij}$：先验知识。

$t_{ij}(k-1)$：信息素痕迹为 k–1 时刻连接城市 i 和 j 的路径上的信息素残留浓度。

记（i,j）弧上的信息素在第 k–1 个循环的变化为 $\Delta\tau_{ij}(k-1)$，则保留的信息素为 $\tau_{ij}(k)=\tau_{ij}(k-1)+\Delta\tau_{ij}(k)$，然后进行信息素的挥发：$(1-\rho)\tau_{ij}(k)$。其中，$\rho\in(0,1)$ 为信息素的衰退系数。

蚁环算法、蚁量算法和蚁密算法中，蚁环算法效果最好，因为它用的是全局信息，而其余两种算法用的是局部信息。蚁环离线更新方法很好地保证了残留信息，不至于无限积累，非最优路径会逐渐随时间推移被忘记。

5.2　蚁群算法典型实例

一、典型 TSP 1

下面是一个典型的例子，使 15 个城市分布在一个圆上，很容易看出，当路径沿着这些点形成一个圆周时，这条路径即为最短路径。城市的分布如图 5.3 所示。

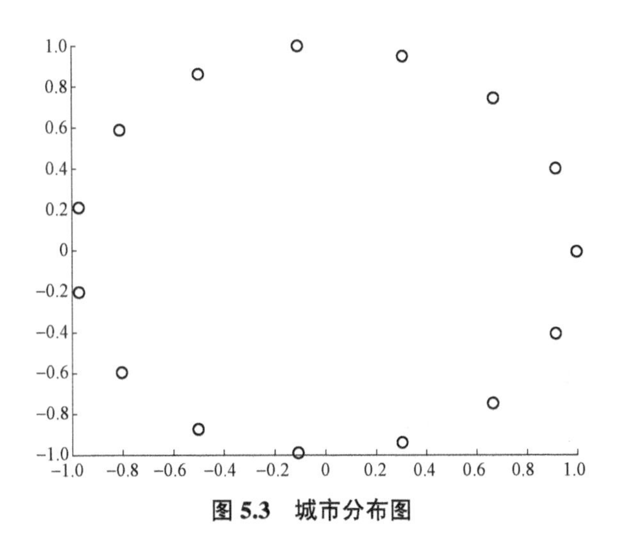

图 5.3　城市分布图

选取人工蚁数量 $m=10$；

信息素重要程度参数 $\alpha=0.5$；

启发因子重要程度参数 $\beta=2$；

信息素挥发系数 $\rho=0.1$；

迭代次数 $N_{c\max}=60$；

信息素强度 $Q=100$；

城市规模及坐标用 15×2 的矩阵 $\boldsymbol{C}$ 表示。

$\alpha=0.5$，$\beta=2$ 的优化结果如图 5.4 所示。

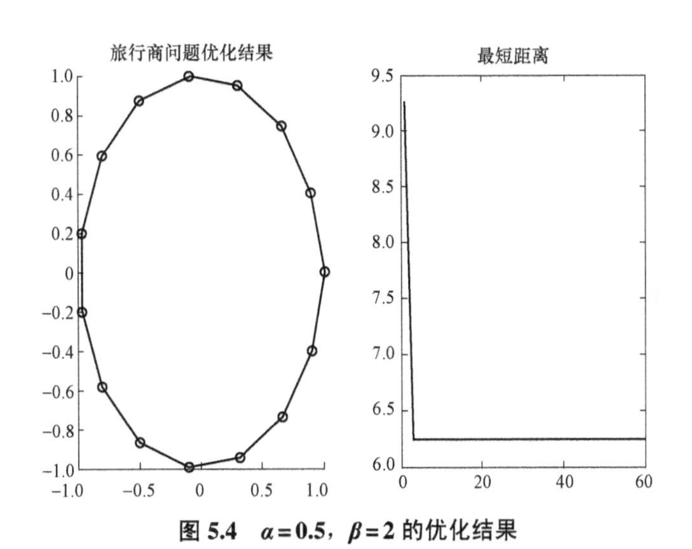

图 5.4　$\alpha=0.5$，$\beta=2$ 的优化结果

当改变参数 $\alpha=0.1$，$\beta=2$，其他参数不改变时，优化结果如图 5.5 所示。

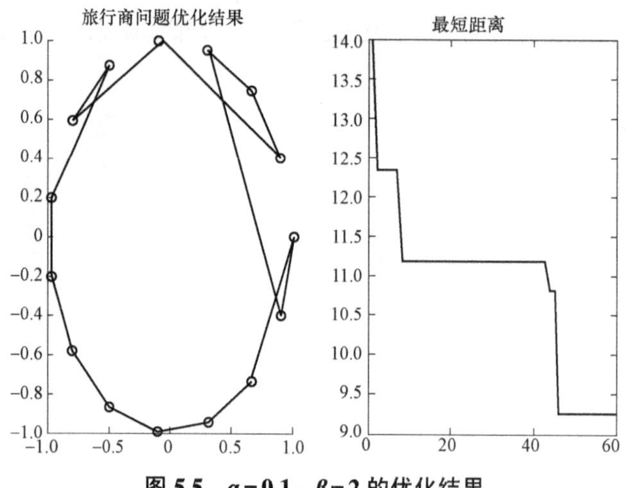

图 5.5　$\alpha=0.1$，$\beta=2$ 的优化结果

显然这不是最优路径，此时算法没有搜索到最优解，参数的选择对算法的性能起着十分重要的作用。

然而蚁群算法中参数的设定尚无严格的理论可以依据，至今还没有确定最优参数的一般方法。蚁群算法中的主要参数有信息素重要程度参数 α、期望启发因子的重要程度参数 β、信息素挥发因子 ρ。信息素强度 Q 为蚂蚁循环一周时释放在所经路上的信息素总量，它对算法的性能的影响有赖于上述 3 个参数的配置。如果上述 3 个参数配置不当，不仅会导致求解速度很慢，甚至所得的解的质量特别差。

一般情况下，$0\leqslant\alpha\leqslant5$，$0\leqslant\beta\leqslant5$，$0.1\leqslant\rho\leqslant0.99$，$10\leqslant Q\leqslant10\,000$ 为最好的经验结果。

蚁群算法的参数最优组合的方法和步骤：

① 确定蚂蚁数目。按城市规模/蚂蚁数目≈1.5 的选择策略来初步选择蚂蚁的总数目。

② 参数粗调。调整取值范围较大的参数：信息素重要程度参数 α、启发式因子重要程度参数 β，以及信息素强度 Q 等参数，以得到较理想的解。

③ 参数微调。调整取值范围较小的参数：信息素挥发因子 ρ。

上述步骤反复进行，直到最终确定一组较为理想的组合参数为止。

二、典型 TSP 2

下面再举一个实例，这里城市的分布是没有规律的。

城市规模及坐标用 15×2 的矩阵 $\boldsymbol{C}$ 表示：

$\boldsymbol{C}$=[1 0; 2 0; 3 0; 4 1; 5 1; 6 1 7 0;⋯; 8 2; 9 1; 2 3; 10 5; 4 9; 11 2; 12 5; 13 6];

选取人工蚁数量 $m=10$；

信息素重要程度参数 $\alpha=0.5$；

启发式因子重要程度参数 $\beta=2$；

信息素挥发系数 $\rho=0.1$；

迭代次数 $N_{c\max}=60$；

信息素强度 $Q=100$。

$\alpha=0.5$，$\beta=2$ 的优化结果如图 5.6 所示。

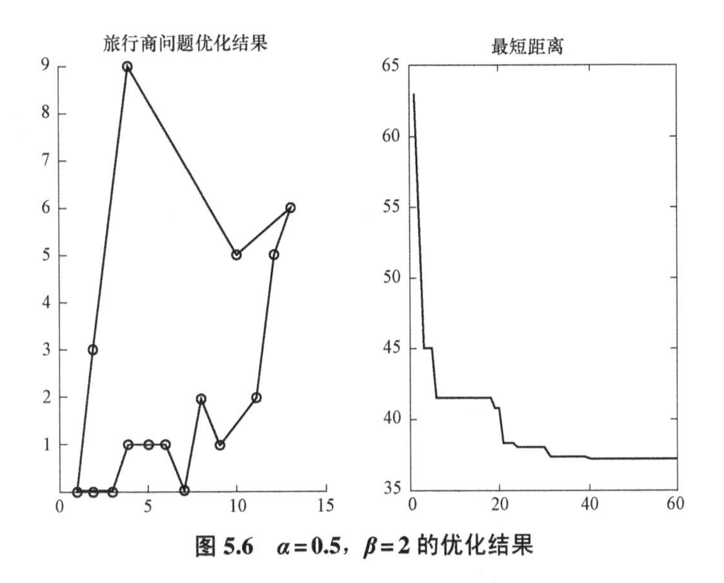

图 5.6 $\alpha=0.5$，$\beta=2$ 的优化结果

改变参数，可出现如图 5.7 所示优化结果，显然比图 5.6 所示的要差，证明蚁群算法并不能保证每次都能收敛于最优解。

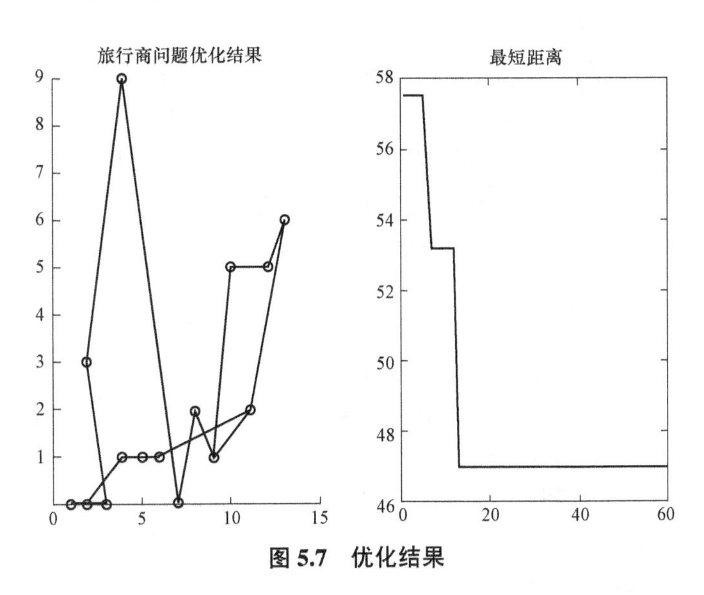

图 5.7 优化结果

由此可以更清晰地看出蚁群算法在求解 TSP 时，会出现陷入局部最优解，无法达到全局最优的情况。

5.3 改进的蚁群算法

5.3.1 带精英策略的蚂蚁系统

带精英策略的蚂蚁系统（Ant System with elitist strategy，ASelit）是最早的改进蚂蚁系统。之所以用精英策略这个词，是因为在某些方面它类似于遗传算法中所用的精英策略。总的来说，在遗传算法中，如果应用选择（Selection）、重组（Recombination）和突变（Mutation）这些遗传算子，一代中最适应的个体（一次循环中的最优解）有可能不会被保留在下一代中。在这种情况下，最适应个体的遗传信息将会丢失。因此，在遗传算法中，精英策略的思想就是为了保留住一代中最适应的个体。类似地，在 ASelit 中，每次循环之后给予最优解以额外的信息素量，可以使到目前为止所找出的最优解在下一循环中对蚂蚁更有吸引力。这样的解被称为全局最优解（Global–best Solution），找出这个解的蚂蚁被称为精英蚂蚁（Elitist ants）。信息素量按照下式进行更新：

$$\tau_{ij}(t+1)=\rho\tau_{ij}(t)+\Delta\tau_{ij}+\Delta\tau_{ij}^{*} \tag{5–6}$$

其中

$$\Delta\tau_{ij}=\sum_{k=1}^{m}\Delta\tau_{ij}^{k}$$

$$\Delta\tau_{ij}^{k}=\begin{cases}\dfrac{Q}{L_k}, & \text{蚂蚁 } k \text{ 在本次循环中经过边 } (i,j)\\ 0, & \text{其他}\end{cases}$$

$$\Delta\tau^{*}=\begin{cases}\sigma\cdot\dfrac{Q}{L^{*}}, & \text{边 } (i,j) \text{ 是所找出的最优解的一部分}\\ 0, & \text{其他}\end{cases}$$

其中，$\Delta\tau^{*}$为精英蚂蚁引起的路径（i,j）上的信息素量的增加。

和蚂蚁系统一样，带精英策略的蚂蚁系统有一个缺点：若在进化过程中，解的总质量提高了，解元素之间的距离减小了，导致选择概率的差异也随之减少，使搜索过程不会集中到目前为止所找出的最优解的附近，从而阻止了对更优解的进一步搜索。当路径长度变得非常接近，特别是当很多蚂蚁沿着局部最优的路径行进时，则对短路径的增强作用被削弱了。

5.3.2 最大–最小蚂蚁系统

最大–最小蚂蚁系统（Max–Min Ant System，MMAS）是目前为止求解 TSP 和 QAP 等问题最好的蚁群算法模型。与 AS 算法相比，MMAS 算法主要做了如下改进：① 每次迭代结束后，只有最优解路径上的信息被更新，从而更好地利用了历史信息；② 为了避免算法过早地收敛于局部最优解，将各条路径上的信息素限制于$[\tau_{\min},\tau_{\max}]$，超出这个范围的值被强制设为$\tau_{\min}$或$\tau_{\max}$；③ 初始时刻，各条路径上的信息素的初始值设为$\tau_{\max}$，$\rho$取较小值时，算法具有更好的发现较好解的能力。所有的蚂蚁都完成一次迭代后，按照下式对路径上的信息做全局更新：

$$\tau_{ij}(t+1)=\rho\tau_{ij}(t)+\sum_{k=1}^{m}\Delta\tau_{ij}^{r}(t)$$

$$\Delta\tau_{ij}^{r}(t)=\begin{cases}\dfrac{1}{L_0^{k}(t)}, & \text{蚂蚁}k\text{经过的边}(i,j)\text{是最优解路径}\\ 0, & \text{其他}\end{cases}$$

5.3.3 基于排序的蚂蚁系统

每次迭代完成后，蚂蚁所经路径按从小到大的顺序排列，并对它们赋予不同权值，路径越短，权值越大。全局最优解权值为 w，第 r 个最优解的权值为 $\max\{0, w-r\}$ [25]。

信息素更新：

$$\tau_{ij}(t+1)=(1-\rho)\tau_{ij}(t)+\sum_{r=1}^{w-1}(w-r)\Delta\tau_{ij}^{r}(t)+w\Delta\tau_{ij}^{gb}(t), \rho\in(0,1)$$
$$\Delta\tau_{ij}^{r}(t)=1/L^{r}(t), \Delta\tau_{ij}^{gb}(t)=1/L^{gb} \tag{5-7}$$

5.4 粒子群优化算法

粒子群算法（Particle Swarm Optimization，PSO）源于对鸟群捕食的行为研究[26, 27]，由 Kennedy 和 Eberhart 在 1995 年提出。与遗传算法类似，PSO 基于群体迭代，但并没有遗传算法用的交叉及变异，而是由粒子在解空间追随最优的粒子进行搜索。PSO 的优势在于简单，容易实现，同时又有深刻的智能背景，既适合科学研究，又特别适合工程应用，并且没有太多需要调整的参数。

5.4.1 算法原理

设想这样一个场景：一群鸟搜索食物，在所在区域里只有一块食物，所有的鸟都不知道食物在哪里，不过它们通过感知能判断出当前的位置离食物还有多远。那么最简单有效的策略就是搜寻目前离食物最近的鸟的周围区域。

PSO 中，每个优化问题的解都是搜索空间中的一只鸟，称为“粒子”。所有的粒子都有一个由被优化的函数决定的适应值（fitness value），每个粒子还有一个速度决定它们飞翔的方向和距离。然后粒子们就追随当前的最优粒子在解空间中搜索[5, 6]。

5.4.2 算法流程

① 初始化。对微粒群的随机位置和速度进行初始设定。

在 d 维空间中初始化 n 个粒子，第 i 个粒子初始化为：

$$\boldsymbol{p}_i^g=(p_{i1} \quad p_{i2} \quad \cdots \quad p_{ik} \quad \cdots \quad p_{id})^{\mathrm{T}} \tag{5-8}$$

第 i 个粒子的个体最优：

$$i\mathrm{Best}_i^g=(p_{I1} \quad p_{I2} \quad \cdots \quad p_{Ik} \quad \cdots \quad p_{Id})^{\mathrm{T}} \tag{5-9}$$

第 i 个粒子的速度：

$$\boldsymbol{v}_i^g=(v_{i1} \quad v_{i2} \quad \cdots \quad v_{ik} \quad \cdots \quad v_{id})^{\mathrm{T}} \tag{5-10}$$

其中，g 是迭代次数。

② 微粒的适应值计算。

③ 对于每个微粒，将其适应值分别与所经历过的最好位置 P_i、全局所经历的最好位置 P_g 的适应值进行比较，若较好，则更新其作为当前的最好位置。

④ 根据式（5–10）对微粒的速度和位置进行进化。

⑤ 如未达到结束条件（通常为足够好的适应值）或达到一个预设最大代数（$G_{\max}$），则

返回到②。

流程图如图 5.8 所示。

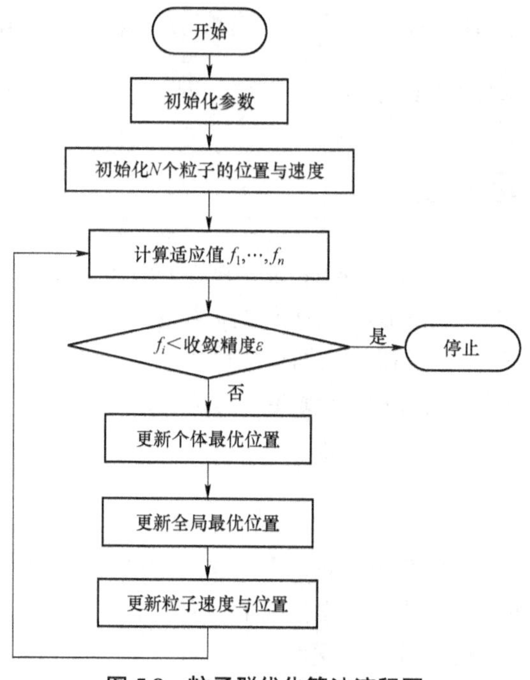

图 5.8　粒子群优化算法流程图

5.4.3　模型分析

基本粒子群算法的速度进化方程由认识和社会两部分组成：

$$\begin{aligned} v_i^d(k+1) = v_i^d(k) + c_1 * \text{rand1}_i^d * (p\text{best}_i^d - x_i^d) + \\ c_2 * \text{rand2}_i^d * (g\text{best}^d - x_i^d) \end{aligned} \tag{5-11}$$

式中，$i=1,2,\cdots,\text{PS}$，表示第i个粒子，PS 为种群规模；$d=1,2,\cdots,D$，表示搜索空间的第d维，D为搜索空间维数；x和v表示粒子的位置和速度；$p\text{best}_i$表示第i个粒子自身发现的个体最优位置；gbest 表示整个种群当前时刻发现的最优位置；c_1和c_2是加速度因子，又分别称作认知因子和社会因子；rand1 和 rand2 为区间（0, 1）内的随机数。

$$v_{ij}(t+1) = v_{ij}(t) + c_1 r_{1j}(t)(p_{ij}(t) - x_{ij}(t)) + c_2 r_{2j}(t)(p_{gj}(t) - x_{ij}(t)) \tag{5-12}$$

$$v_{ij}(t+1) = p_1 + p_2 + p_3 \tag{5-13}$$

式中，第一部分p_1为微粒的先前速度；第二部分p_2为“认知”部分，仅体现了微粒自身的经验，表示微粒本身的思考；第三部分p_3为“社会”部分，表示微粒间的社会共享信息。若速度进化方程仅包含“认知”部分，即

$$v_{ij}(t+1) = v_{ij}(t) + c_1 r_{1j}(t)(p_{ij}(t) - x_{ij}(t)) \tag{5-14}$$

这样不同微粒之间缺乏信息交流，即没有社会信息共享，微粒间没有交互，使得一个规模为N的群体等价于运行了N个单位微粒，因而得到最优解的概率非常小。

如果速度进化方程仅包含“社会”部分，即

$$v_{ij}(t+1)=v_{ij}(t)+c_2r_{2j}(t)(p_{gj}(t)-x_{ij}(t)) \tag{5-15}$$

微粒没有认知能力，也就是只有社会的模型。

一些研究表明，对不同的问题，模型的 3 个部分各自的重要性有所不同，目前还没有从理论上给出依据。

5.4.4　收敛性分析

微粒在相互的作用下，有能力到达新的搜索空间。虽然其收敛速度比 PSO 算法更快，但对于复杂问题，容易陷入局部最优点。PSO 算法无法保证收敛，但这并不意味着 PSO 算法的实用性不好[11]。

5.4.5　种群拓扑结构

PSO 的社会学习行为建立在一定的种群拓扑结构的基础上，这种拓扑结构决定了每个粒子所从属的社会领域和可能的学习对象。

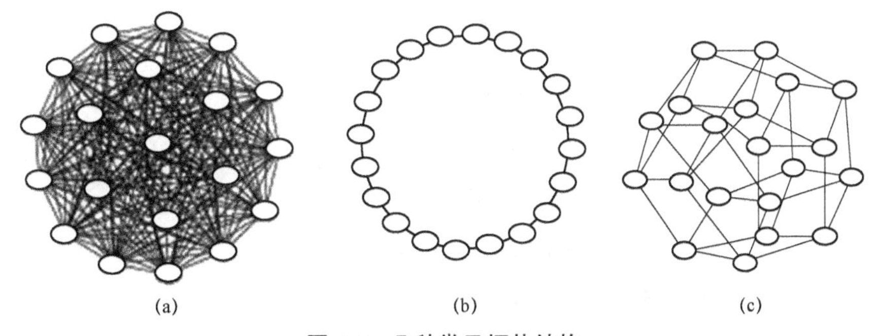

(a)　　(b)　　(c)

图 5.9　几种常见拓扑结构

（a）全局（gbest），种群中所有个体互相通信，信息传递速度较快，收敛速度也快，不过容易陷入局部极值点；（b）局部（lbest），种群中所有个体与相邻个体之间相连，所有粒子形成环状，信息传递较慢，收敛也慢，不易受局部极值的影响；（c）冯·诺依曼（von Neumann），种群中每个个体与周围 4 个最邻近个体相连，从而形成一种网状结构

拓扑结构限定了个体的学习对象范围，动态拓扑结构可能改变学习对象的范围，但并未规定个体的具体学习对象，传统的 PSO 向邻域中的最优个体学习[12-18]。

Mendes，Kennedy 和 Neves 于 2004 年提出一种全信息型 PSO，每个个体向邻域中的所有个体学习，并以加权方式协调。

Liang，Qin，Suganthan 和 Baskar 于 2006 年提出一种全面学习型 PSO，每个个体在搜索空间的每一维上随机地选取两个个体中认知水平较高个体的对应维进行学习。

两种算法的总体性能较传统的 PSO 有明显改进。学习对象的选择和学习方式都是 PSO 研究的重要方向。

5.5　标准粒子群优化算法

5.5.1　带惯性权重 w 的粒子群优化算法

从式（5–11）所示的基本粒子群算法中可以看出，它并没有对粒子前一刻的速度进行适当的取舍，大量的实验证明，这将会在很大程度上降低粒子的搜索能力。Shi 等[19]在基本粒子算法公式中引入惯性权重，来提高粒子群的搜索能力。如下：

$$v_i^d(k+1)=wv_i^d(k)+c_1*\text{rand1}_i^d*(p\text{best}_i^d-x_i^d)+ \\ c_2*\text{rand2}_i^d*(g\text{best}^d-x_i^d) \tag{5–16}$$

从公式可以看出，惯性权重 w 决定了粒子前一时刻的速度对当前速度影响的程度，对粒子群算法的全局探索及局部开发能力起到平衡作用。全局探索指的是粒子离开原来搜索路径并开始新方向搜索的程度，而局部开发能力指的是粒子按原先轨迹进行细致搜索的能力[21]。在算法早期，增大 w 值，使其远离个体最优与全局最优，增大搜索空间，提高全局搜索的能力；相反，在算法后期，则通过减小 w 值来提高局部搜索能力，使其尽快稳定到最优点。因此，引入惯性权重将在一定程度上提高粒子群搜索能力。

最常用的是 Shi 的 LDW PSO 来适时调整 w 值的大小，如下：

$$w=w_{\max}-\frac{w_{\max}-w_{\min}}{\text{iter}_{\max}}\bullet\text{iter} \tag{5–17}$$

其中，$w_{\max}$，$w_{\min}$ 分别为最大权重与最小权重；$\text{iter}_{\max}$，iter 分别为最大迭代次数与当前迭代次数。

5.5.2 带压缩因子χ的粒子群优化算法

为了使粒子的飞行速度可控，进一步使基本粒子群算法能够在全局搜索与局部开发之间找到平衡[20]，Clerc 提出了带有收缩因子的粒子群算法模型[21]：

$$\begin{cases} v_i^d(k+1)=\chi(v_i^d(k)+c_1*\text{rand1}_i^d*(p\text{best}_i^d-x_i^d)+ \\ c_2*\text{rand2}_i^d*(g\text{best}^d-x_i^d)) \end{cases} \tag{5–18}$$

$$\chi=\frac{2}{\left|2-\phi-\sqrt{\phi^2-4\phi}\right|} \tag{5–19}$$

其中，$\phi=c_1+c_2$，$\phi>4$ 。

经过大量实验证明，通过对粒子速度进行最大限制，可以取得更好的优化效果，即在基本粒子群算法中引入收缩因子。

5.6 改进粒子群优化算法

为了进一步加快 PSO 算法的收敛速度、提高结果的精度及使其适应各自领域的需要，大量文献将粒子群算法与某些算法相结合，提出了自适应粒子群算法、基于扰动变异的粒子群算法、混合粒子群算法、二进制粒子群算法、全信息粒子群算法等，具体可查阅相关文献。

5.7 粒子群优化算法的应用实例

一、目标

使用 C 语言在 Win32 平台进行仿真。求得半径为 R 的球体与坐标轴交点距离之和最小的点的坐标。

二、参数定义

```
#define PI 3.14f
#define R 2.0f
#define NumberOfSwarm 5 //程序使用 5 个微粒
#define MaxStep 500 //最大计算步数,即记录轨迹长度
#define MaxNum MaxStep
#define c1 0.01f         //c1 的值
#define c2 0.01f         //c2 的值
//标记三维空间的坐标
typedef struct _POINT3D{
    GLfloat x;
    GLfloat y;
    GLfloat z;
}POINT3D,*PPOINT3D;
POINT3D Pg; // 全局最优点的坐标
POINT3D PgTrack[MaxStep];// 记录全局最优点的轨迹(便于查看结果)
typedef struct _Swarm{
    POINT3D Coordinate; // 微粒的坐标
    POINT3D BestCoordinate; // 微粒历史最优位置的坐标
    POINT3D v;              // 微粒的速度
    POINT3D Track[MaxStep];// 微粒的轨迹(便于查看结果)
    bool bDisplay;          // 显示开关
}SWARM,*PSWARM;
SWARM Swarm[NumberOfSwarm]; // 定义了 NumberOfSwarm 个微粒
```

三、适应度函数

```
// 返回微粒坐标到半径为 R 的球体与坐标轴的交点距离的平方和
GLfloat f(POINT3D point3d){
return
(point3d.x-R)*(point3d.x-R) + (point3d.y-0)*(point3d.y-0) + (point3d.z-0)*
(point3d.z-0) +
(point3d.x + R)*(point3d.x + R) + (point3d.y-0)*(point3d.y-0) + (point3d.z-
0)*(point3d.z-0) +
(point3d.x-0)*(point3d.x-0) + (point3d.y-R)*(point3d.y-R) + (point3d.z-0)*
(point3d.z-0) +
(point3d.x-0)*(point3d.x-0) + (point3d.y + R)*(point3d.y + R) + (point3d.z-
0)*(point3d.z-0) +
```

```
    (point3d.x-0)*(point3d.x-0) + (point3d.y-0)*(point3d.y-0) + (point3d.z-R)*
(point3d.z-R) +
    (point3d.x-0)*(point3d.x-0) + (point3d.y-0)*(point3d.y-0) + (point3d.z + R)
*(point3d.z + R);}
```

四、初始化微粒位置和速度

初始化微粒在距离坐标（20，20，−10）周围随机产生的点，与坐标（20，20，−10）的距离不超过长度 R。

初始最优位置等于微粒的初始位置。

显示开关打开。

全局最优位置为第一个微粒的初始位置。

五、优化计算

① 将每个微粒的当前位置存入它的轨迹。

② 计算每个微粒当前位置和历史最优位置的适应度，比较适应度，取最小的适应度，令微粒历史最优位置的坐标等于取最小适应度的坐标。

③ 计算所有微粒的适应度和全局最优位置的适应度，比较适应度，令全局最优位置的坐标等于所有微粒适应度最小的点的位置。

④ 计算趋向自身最优的速度和趋向全局最优的速度。

⑤ 计算下一次微粒的位置。

⑥ 若计算步数没有超过指定的步数，重复计算。

六、仿真结果

仿真结果如图 5.10 所示。

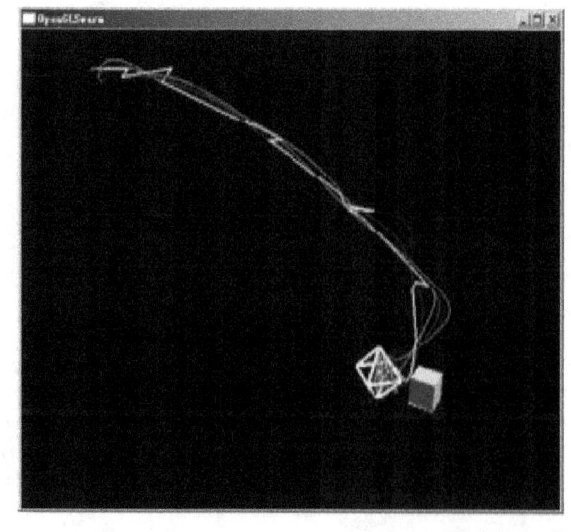

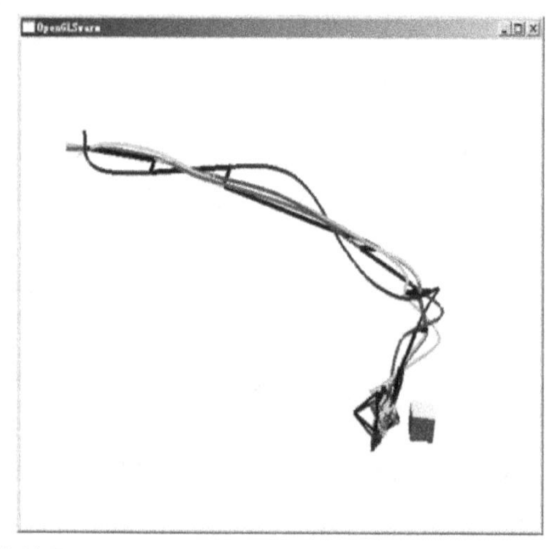

图 5.10　仿真结果 1

其中，$R=2.0$，$c_1=0.01$，$c_2=0.01$，计算 500 步。

图 5.10 中，较细的线条为每个微粒的轨迹，粗线条为全局最优解的估计。可以看出，微粒按照全局最优的轨迹整体向最优位置靠近（飞行），每个微粒围绕着最优轨迹进行近似周期的飞行。最优轨迹跳跃地向最优解靠近。全局最优坐标为（–0.050 997，0.044 707，–0.087 628）。适应度 f_g 为 24.073 669。

拉近场景，只显示最优解，可以看到最优轨迹向坐标中心点靠近，如图 5.11 所示。

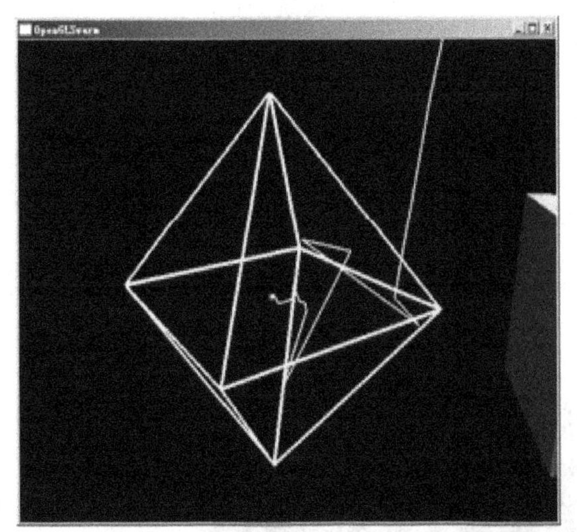
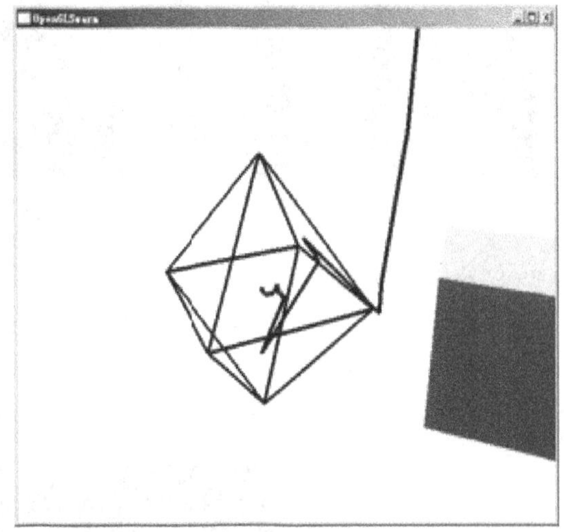

图 5.11　仿真结果 2

绘制微粒轨迹，可以看到微粒围绕着最优解进行震荡，如图 5.12 所示。

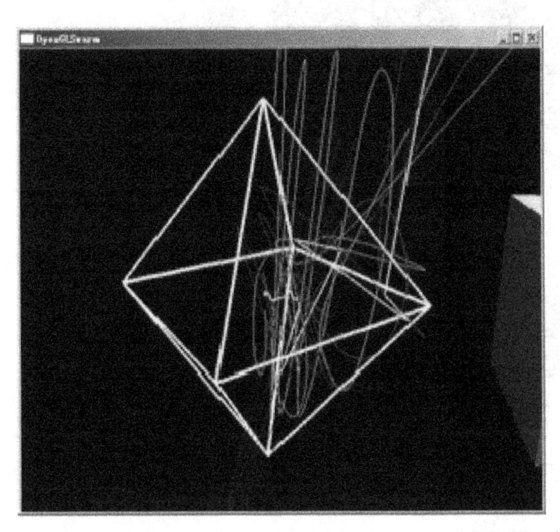
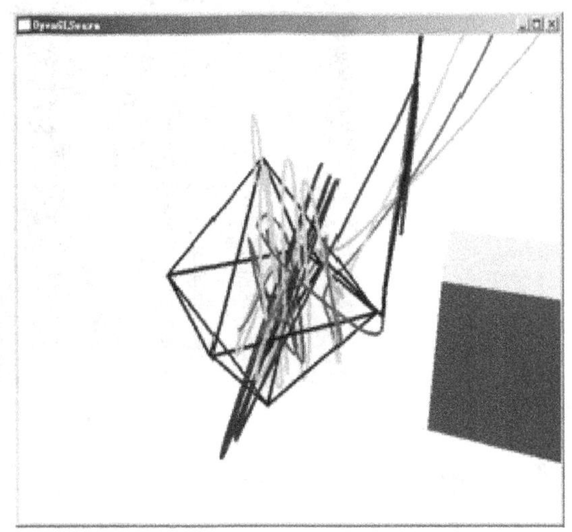

图 5.12　仿真结果 3

若将步长 c_1 和 c_2 设置为 0.1，再次查看结果，如图 5.13 所示。

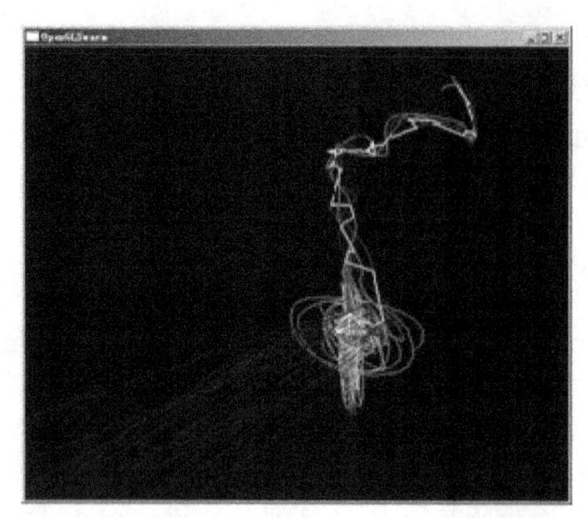

图 5.13　仿真结果 4

结果以更快的速度寻找最优解，但最终的震荡幅度明显上升。

最优位置：（–0.057 344，0.084 819，0.065 618）

适应度 f_g：24.088 730

若计算步数为 250 步，效果图如图 5.14 所示。

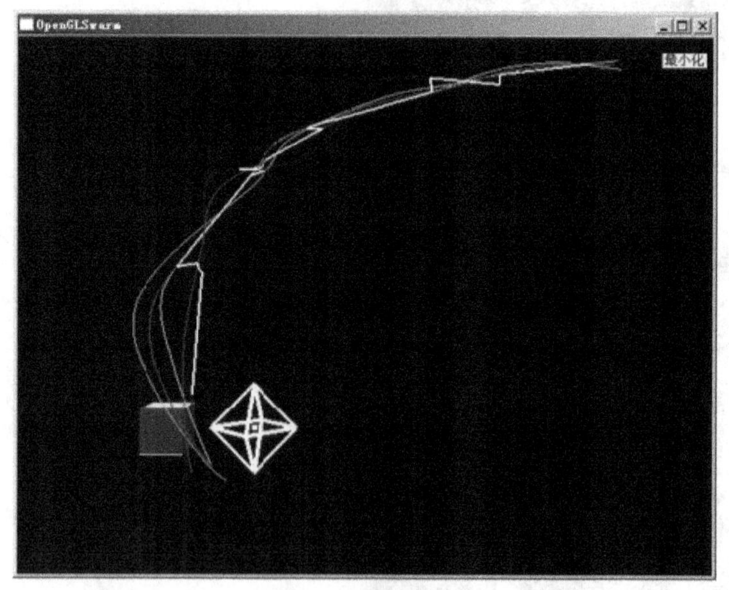

图 5.14　仿真结果 5

计算步数不够多，微粒还未能达到最优解。

七、讨论

计算速度的公式为：

$$\begin{cases} v_{ij}(t+1) = v_{ij}(t) + c_1 r_{1j}(t)(p_{ij}(t) - x_{ij}(t)) + c_2 r_{2j}(t)(p_{gj}(t) - x_{ij}(t)) \\ x_{ij}(t+1) = x_{ij}(t) + v_{ij}(t+1) \end{cases} \tag{5–20}$$

c_1 和 c_2 决定了计算步长，步长 0.01 比 0.1 精确度高，曲线也显得更加平滑。由于计算速度的步长没有实现足够小，所以会出现过调。若取相对较小的步长，结果在最优解附近的往复运动幅度会减小，会增加寻找全局最优的时间。所以，步长的选择需要同时考虑趋向局部的速度和寻找全局最优的速度。

根据 $x_{ij}(t+1)=x_{ij}(t)+v_{ij}(t+1)$，需要选择足够长的计算步数，若计算步数太少，微粒可能不能达到最优解。

所以要综合考虑计算步长和计算步数。

1. 轨迹震荡

发现微粒的轨迹出现震荡，将程序中微粒的轨迹，即(x,y,z)坐标保存成 SwarmTrack.txt，用 Matlab 对这些点的轨迹进行分析。

实验使用的步长 $c_1=c_2=0.05$，计算步数 1 000。

实验结果如图 5.15 所示。

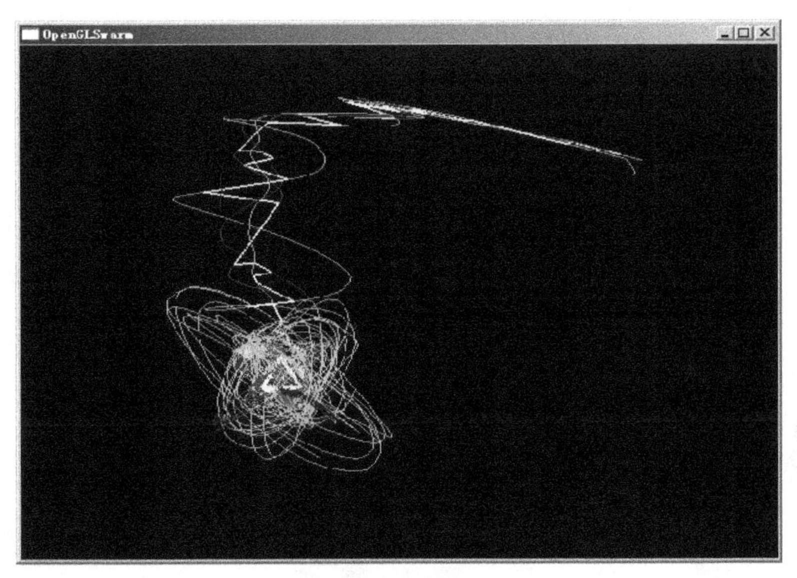

图 5.15　仿真结果 6

可以看出取步长 0.05 时的震荡幅度比步长为 0.01 时的大。

编写 OpenGLSwarmOptimizationAnalysis.m 文件：

```
SwarmTrack = […];
%将 SwarmTrack.txt 中的数据复制到 SwarmTrack，由于数量大，在此省略
```

分别绘制 3 个坐标的计算步数–坐标曲线，然后进行功率谱分析，如图 5.16 和图 5.17 所示。

观察功率谱图 5.17，在 0.07π 处有明显的凸起。计算时计算了 1 000 步，即取了 $N=1\ 000$ 点进行功率谱分析，计算微粒的周期 $\frac{T}{N}=\frac{w}{2\pi}$，其中 $w=0.07\pi$，$N=1\ 000$，计算的 $T=35$。观察图 5.16 中的第 2 幅图，微粒的运动周期近似为 35，与微粒的轨迹显示出来的周期性较吻合。

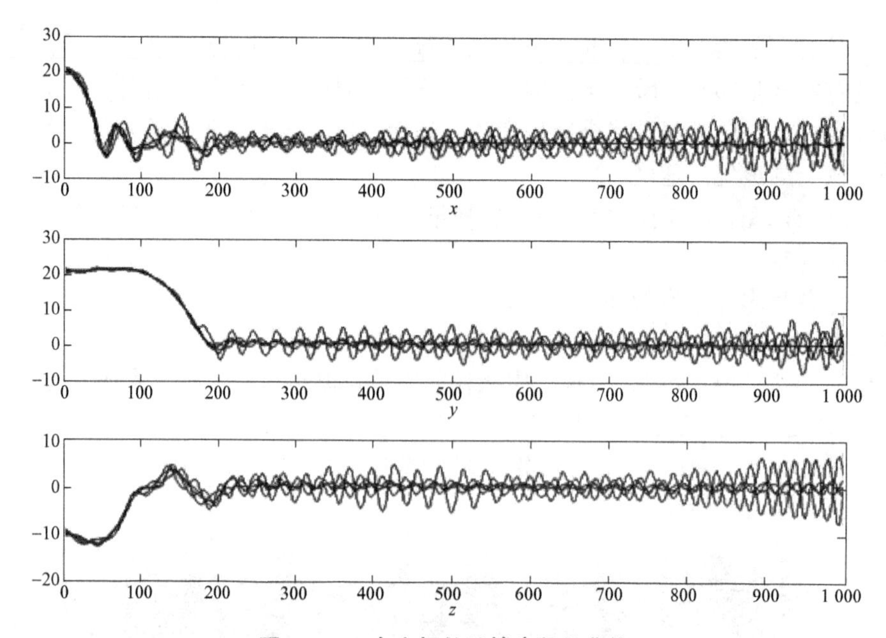

图 5.16　3 个坐标的计算步数的曲线

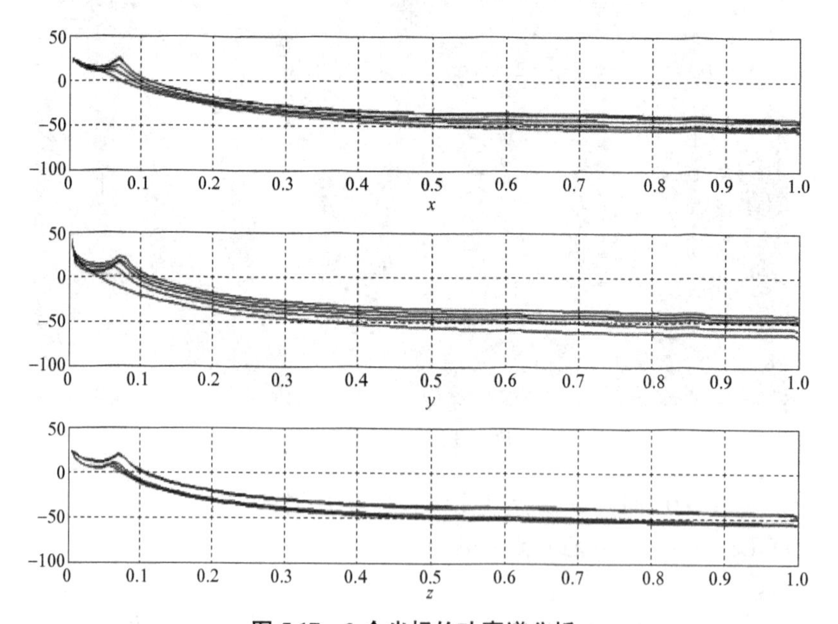

图 5.17　3 个坐标的功率谱分析

2. 震荡分析

观察计算速度的公式：

$$\begin{cases} v_{ij}(t+1)=v_{ij}(t)+c_1r_{1j}(t)(p_{ij}(t)-x_{ij}(t))+c_2r_{2j}(t)(p_{gj}(t)-x_{ij}(t)) \\ x_{ij}(t+1)=x_{ij}(t)+v_{ij}(t+1) \end{cases} \tag{5-21}$$

有类似$\dfrac{\mathrm{d}^2x}{\mathrm{d}t^2}=-kx$的形式，解方程$\dfrac{\mathrm{d}^2x}{\mathrm{d}t^2}=-kx$，解为

$$x = C_1 \sin(\sqrt{k}t) + C_2 \cos(\sqrt{k}t)$$

求解方程 $\dfrac{\mathrm{d}^2 x}{\mathrm{d}t^2} = c_1 r_1 (P - x) + c_2 r_2 (Pg - x)$，解为

$$x(t) = C_2 \sin(\sqrt{c_1 r_1 - c_2 r_2})t + C_1 \cos(\sqrt{c_1 r_1 - c_2 r_2}t) + \frac{c_1 r_1 P - c_2 r_2 Pg}{c_1 r_1 - c_2 r_2}$$

从方程的解可以看出，微粒的位置存在周期性运动的部分。

八、结论

微粒群算法是一种优化算法，它利用了多个微粒自身和集体的经验进行优化，可以解决局部最优和全局最优问题。查看微粒轨迹，求解微分方程，在最优解附近，微粒的轨迹满足随机简谐运动方程。

5.8　差分进化算法概述

差分进化（DE）也是一类典型的基于群体的进化类智能优化方法，它由 Storn 和 Price 提出[22,23]，通过群体内个体间的合作与竞争进行优化搜索。与传统的进化算法相比，它保留了基于种群的全局搜索策略，采用实数编码、基于差分的简单变异操作和一对一的竞争生存策略，降低了遗传操作的复杂性[24]。同时，DE 特有的记忆能力使其可以动态跟踪当前的搜索情况，以调整搜索策略[25]。该算法原理简单、受控参数少、鲁棒性强，目前已被大量应用于工程实践，解决各种复杂困难的优化问题，如约束优化计算[26]、聚类优化计算[27]。

一、DE 算法形式

DE 算法是一种基于群体进化的算法，具有记忆个体最优解和种群内信息共享的特点[25]。一般由差分变异操作与交叉操作两部分组成，如图 5.18 所示。若记 DE 算法的策略为 DE/x/y/z，则在变异操作中选择策略 x 可选择 rand 策略（选随机个体）、best 策略（选最优个体）、current 策略（选当前个体）、rand-to-best 策略，差分向量个数 y 可选择 1 或 2，z 可选 bin（二项式交叉策略）或 exp（指数交叉策略）。最具代表性的两种 DE 算法是 DE/rand/1/bin 和 DE/best/2/bin[28]。

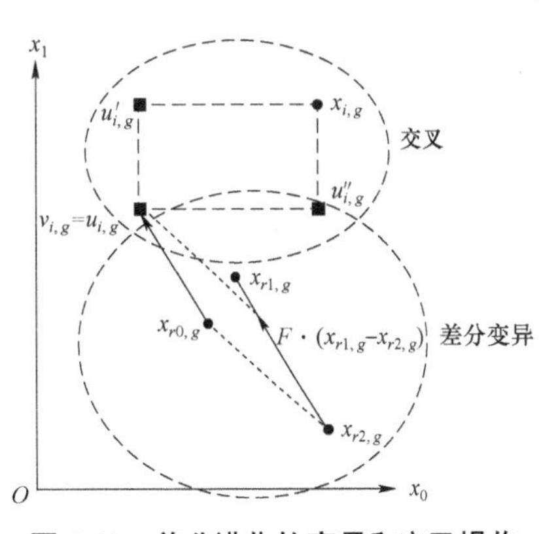

图 5.18　差分进化的变异和交叉操作

二、DE/rand/1/bin

DE/rand/1/bin 的表达式：

$$\boldsymbol{z}_i = \boldsymbol{x}_{r1} + F \cdot (\boldsymbol{x}_{r2} - \boldsymbol{x}_{r3})$$

$$\boldsymbol{u}_i^j = \begin{cases} \boldsymbol{z}_i^j, & \text{rand}_i^j \leqslant CR \quad 或 j = rn_i \\ \boldsymbol{x}_i^j, & 其他 \end{cases} \tag{5–22}$$

随机选取 3 个不同个体 $\boldsymbol{x}_{r1}$，$\boldsymbol{x}_{r2}$，$\boldsymbol{x}_{r3}$。其中，$\boldsymbol{x}_{r1}$ 作为基向量；$\boldsymbol{x}_{r2}$ 与 $\boldsymbol{x}_{r3}$ 的差量经缩放（F）后叠加到基向量上构成差分变异操作。第二个式子对应于交叉操作，CR 为交叉概率。

将经过差分变异和交叉操作后形成的个体与当前种群中的一个个体进行比较，选择其中较优者保留到下一代。

三、DE/best/2/bin

DE/best/2/bin 与 DE/rand/1/bin 整体上相似，区别只在于差分变异算子。DE/best/2/bin 表示为：

$$z_i = \boldsymbol{x}_{\text{best}} + F \bullet (\boldsymbol{x}_{r1} - \boldsymbol{x}_{r2} + \boldsymbol{x}_{r3} - \boldsymbol{x}_{r4}) \tag{5-23}$$

其中，$\boldsymbol{x}_{\text{best}}$ 表示当前种群中最优个体。

四、其他常见的 DE 变体

$$\begin{aligned}
&\text{DE / current} - \text{to} - \text{best / 1:} \\
&z_i = \boldsymbol{x}_i + \lambda \bullet (\boldsymbol{x}_{\text{best}} - \boldsymbol{x}_i) + F \bullet (\boldsymbol{x}_{r1} - \boldsymbol{x}_{r2}) \\
&\text{DE / mid} - \text{to} - \text{best / 1:} \\
&z_i = (\boldsymbol{x}_i + \boldsymbol{x}_{\text{better}}) / 2 + \lambda \bullet (\boldsymbol{x}_{\text{better}} - \boldsymbol{x}_i) + F \bullet (\boldsymbol{x}_{r1} - \boldsymbol{x}_{r2})
\end{aligned} \tag{5-24}$$

其中，z_i，$F \bullet (\boldsymbol{x}_{r1} - \boldsymbol{x}_{r2})$ 分别为基向量与差分向量。

5.9 改进型差分进化算法

5.9.1 基于水平集自适应的差分进化算法

图 5.19 中的中心点表示当前个体，周围点表示差分变异 DE/rand/1/bin 可能产生的采样点（变异体）。这些变异体与当前个体交叉后可能产生的采样点比图中的点更多，但都围绕在基向量点的周围，形成对相应局部空间的探索。

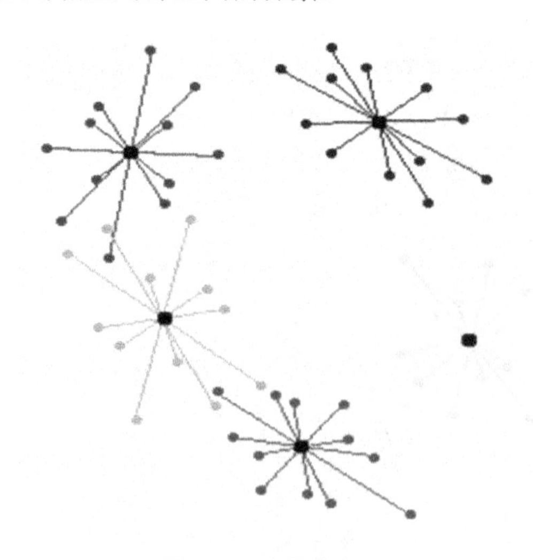

图 5.19 水平集自适应

5.9.2 基于锦标赛选择的差分进化算法

锦标赛选择使得算法形成的新种群的平均适应度可以不断改善。如果当前个体能适当地分布在由当前种群决定的水平集内，那么差分变异和交叉可能产生的局部探索性采样点将有利于进一步缩小水平集的范围。如果这种缩减能够有效地持续下去，那么最终会收敛到全局最优解或全局最优解集，如图 5.20 所示。

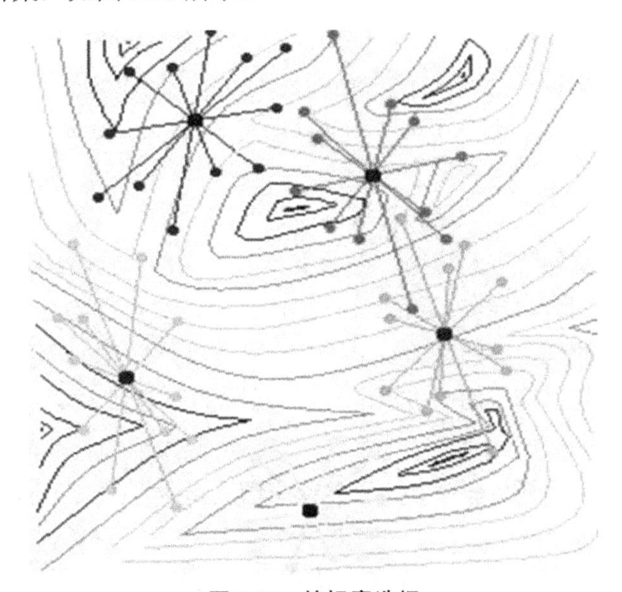

图 5.20 锦标赛选择

5.9.3 PSO 与 EC 的异同

① 所模拟的自然随机系统不一样。EC 是模拟生物系统进化过程，其最基本单位是基因，它在生物体的每一代之间传播；而 PSO 模拟的是社会系统的变化，其最基本单位是“敏因”（Meme）。这一词由 Dawkin 在“The Selfish Gene”一书中提出，它是指思想文化传播中的基本单位，个体在社会中会根据环境来改变自身的思想。Meme 的传播途径是在个体与个体之间，在实际人类社会中，它还可以在人脑与书本之间、人脑与计算机、计算机与计算机之间传播。

② EC 中强调“适者生存”，优胜劣汰；PSO 强调“协同合作”，不好的个体通过学习向好的方向转变，不好的个体被保留，还可以增强群体的多样性。EC 中最好的个体通过产生更多的后代来传播自己的基因，而 PSO 中的最佳个体通过吸引其他个体向它靠近来传播自己的敏因。

③ EC 中的上一代到下一代转移概率只与上一代的状态相关，而与历史无关，它的个体只包含当前信息，其群体的信息变化过程是一个 Markov 链过程；而 PSO 中的个体除了有着位置和速度外，还有着过去的历史信息（*p*Best、*g*Best），也就是具有记忆能力，如果仅从群体的位置及速度信息来看，群体的信息变化过程不是一个 Markov 链过程。

EC 和 PSO 分别模拟自两个巧妙的自然随机系统：Evolution 和 Mind，它们之间存在着显著的差异，尽管它们都是基于群体的，都是由其中的随机成分带来创新，但其本质有所不同，因此不能将 PSO 简单地归类于 EC 中。

参 考 文 献

[1] Dorigo M, Maniezzo V, Colorni A. Ant System: Optimization by a Colony of Cooperating Agents[J]. IEEE Transactions on Systems, Man, and Cybernetics, 1996, 26(1): 29–41.

[2] Dorigo M, Gambardella L M. Ant Colony System: A Cooperative Learning Approach to the Traveling Salesman Problem[J]. IEEE Transactions on Evolutionary Computation, 1997, 1(1): 53–66.

[3] 田明杨，周永杰. 基于蚁群算法转移概率的研究[J]. 信息科学，2010（3）：95.

[4] 付宇. 蚁群优化算法的改进及应用[D]. 上海：上海海事大学，2006.

[5] 袁一倩. 基于地图的自动导向车路径优化[D]. 西安：西安科技大学，2012.

[6] 顾远亮. 集成电路测试生成的算法研究[D]. 无锡：江南大学，2012.

[7] 赵丰. 基于改进型蚁群算法的网格资源分配的研究[J]. 长江大学学报：自科版，2009（2）：115 + 132–137.

[8] 刘芳. 改进的蚁群聚类算法在森林火灾预测中的应用研究[D]. 阜新：辽宁工程技术大学，2009.

[9] 王莹，徐鑫. GAAA 算法在数据库多连接查询优化中的研究应用[J]. 云南师范大学学报（自然科学版），2011，31（1）：54–58.

[10] 陈冰梅，樊晓平，周志明，等. 求解旅行商问题的 Matlab 蚁群仿真研究[J]. 计算机测量与控制，2011，19（4）：990–992.

[11] 李进. 混合通信模式下的群机器人搜索问题研究[D]. 太原：太原科技大学，2011.

[12] 姜长元. 动态信息素更新蚁群算法在指派问题中的应用[J]. 计算机工程，2008，34（15）：187–189.

[13] 吴庆洪，张纪会. 具有变异特征的蚁群算法[J]. 计算机研究与发展，1999，36（10）.

[14] 岑宇森，熊芳敏. 基于新型信息素更新策略的蚁群算法[J]. 计算机应用研究，2010，27（6）：2081–2083.

[15] 杨剑峰. 基于遗传算法和蚂蚁算法求解函数优化问题[J]. 浙江大学学报，2007，41（3）：428–430.

[16] 群智能算法[EB/OL]. http://wenku.baidu.com/link?url = mKGtg79OyXnzAvdtuFhrxvz85OapO13eOg_kryYmJi9 – 3cdFoXoBziI – PyNLQjqBEBPlqdy8QQ – pCmdhqPD – 1u_TZZ9E3v3lTjWVhRHFdm.

[17] Eberhart R, Kennedy J. A new optimizer using particle swarm theory[C]. Sixth International Symposium on Micro Machine & Human Science, 2002.

[18] Eberhart R, Kennedy J. Particle swarm optimization[C]. Proceedings of the IEEE International

Conference on Neural Networks, 1995, 4: 1942–1948.
[19] Shi Y, Eberhart R C. Empirical study of particle swarm optimization[C]. Congress on Evolutionary Computation, 2002.
[20] 刘文仟. 粒子群算法拓扑结构的研究[D]. 哈尔滨：哈尔滨理工大学，2010.
[21] Clerc M, Kennedy J. The particle swarm–explosion stability and convergence in a multidimensional complex space[J]. IEEE Transaction on Evolutionary Computation, 2002, 6(1): 58–73.
[22] Storn R, Price K.Differential Evolution–A Simple and Efficient Heuristic for Global Optimization over Continuous Spaces[J]. Journal of Global Optimization, 1997, 11(4): 341–359.
[23] Storn R. Differential evolution—a simple and efficient adaptive scheme for global optimization over continuous spaces [J]. Technical report, International Computer Science Instiute, 1995(11).
[24] Liu Mingguang.Differential Evolution Algorithms and Modification[J]. Systems Engineering, 2005, 23(2): 108–111.
[25] 刘波，王凌. 差分进化算法研究进展[J]. 控制与决策，2007，22（07）：722–724.
[26] Kim H K, Chong J K, Park K Y, et al. Differential evolution strategy for constrained global optimization and application to practical engineering problems [J]. IEEE Transactions on Magnetics, 2007, 43(4): 1565–1568.
[27] Omran M G H, Engelbrecht A P. Salman A. Differential evolution methods for unsupervised image classification [C]. 2005 IEEE Congress on Evolutionary Computation, IEEE, 2005(2): 966–973.
[28] 杨启文，蔡亮. 差分进化算法综述[J]. 模式识别与人工智能，2008，21（4）：507–509.

第 6 章
云计算和大数据

6.1 云计算

云计算是一个内涵既丰富而又模糊的词语。这里说它丰富，是因为在 IT 行业的各个方面都出现了云计算的身影；说它模糊，是因为很少有人能清晰地把握云计算的本质意义。

本章将首先探寻云计算这项技术的起因来源，逐渐除去围绕在云计算身上的迷雾，从而带领读者们初步认识云计算的特征，接着再介绍 IaaS/PaaS/SaaS 的概念，以及公有云/私有云/混合云/社区云这几种云计算的类型划分，最后结合实例，说明在企业 IT 环境中为什么云计算具有如此巨大的优势。

6.1.1 云计算的身世

今时今日，几乎各个角落都能见到云计算的影响，不管有没有关联，各大厂家都能把自己的产品与云计算联系起来。这么看起来，云计算可以算是继个人电脑和互联网之后的又一个革命性技术，并且在未来数年内 IT 行业的发展方向将被其影响，改变使用信息技术的方式[1]。

然而，你也许想象不到，今天大红大紫的云计算概念，实际上在 20 世纪中叶已经诞生了，经过几十年的发展，云计算已经从一个科学家脑海里对未来世界的畅想，落地为实实在在的产品影响着我们每天的生活。趁着这个机会，让我们先走进历史，回首云计算从孕育到成熟的过程。

有时候，不得不承认人类的想象力是推动这个世界前进的内在动因。20 世纪 60 年代，就在绝大多数人还没用过计算器的时候，来自斯坦福大学的科学家 John McCarthy 就曾经设想过“计算机可能变成一种公共资源”。这句话在当时听起来就好像在杨利伟升空后马上有人告诉你火星房地产市场将会急剧升温一样，都有着极度超前的眼光和思想。

然而这种想法并不是只有 John McCarthy 一人拥有，1966 年，Douglas Parkhill 在他的著作“The Challenge of the Computer Utility”中对这个理论进行了更加生动、具体的叙述，他用更加贴近生活的电力公司来比喻计算资源，并提出了私有资源、共有资源、社区资源等概念，不仅如此，还包括一些今天被频繁提起的云计算特性，如动态扩展、在线发布等。以上概念在 Douglas Parkhill 的这本书中已经有了非常具体、翔实的描述[2]。

虽然提出这些基本概念的先辈科学工作者们并没有看到自己的思想落地生根，他们甚至不知道“云计算”这个特定的词汇，但是他们提出的这些理念非常明确地指明了计算机发展的方向。

“云计算”（Cloud Computing）这个词第一次被提出是在 1997 年 Ramnath Chellappa 教授的一次演讲中，他提出一个观点：“计算资源的边界不再由技术决定，而是由经济需求来决定。”也就是说，计算资源的形式可以是动态变化的，这种形式根据人们的需求而变化，如果你不在服务器面前但却需要操作其上运行的软件程序，那么自然会有一种方式让你能够远程登录计算机进行操作。Ramnath Chellappa 教授的理论重复了 20 世纪 60 年代那些科学家的思想，但与 20 世纪 60 年代不同，技术的发展使得 Ramnath Chellappa 教授的理论已经可以找到现实中的模型了。

1999 年，一家对现在有着极大影响的公司成立了，这家公司就是 Salesforce.com。Salesforce.com 是现在公认的云计算方面的先驱，几个前 Oracle 的高管联手成立了这家公司，公司的业务主要是向企业客户销售基于云服务器的 SaaS（Software as a Service，软件即服务，一种云计算的服务类型）产品。

Salesforce.com 对云计算产业的重要意义不仅仅在于它第一次将 SaaS 服务大规模地销售给了企业用户并取得了不错的收益，更重要的是，它第一次证明了基于云的服务可以真正提高企业运营管理效率、促进业务解决方案的发展，同时，可以在可靠性方面维持一个极高的标准而不需要企业本身去耗费太多的精力。至此，最苛刻的企业用户开始全面拥抱云计算。

进入 21 世纪后，将云计算推向下一个高峰的是在线零售商 Amazon。Amazon 是一家非常重视客户体验的公司，当发展到一定规模的时候，它发现自己的数据中心在大部分时间只有不到 10%的利用率，剩下的 90%的资源都闲置着，这些资源仅有的作用是缓冲圣诞购物季这种高峰时段的流量。于是 Amazon 开始寻找一种更有效的方式来利用自己庞大的数据中心，其目的是将计算资源从单一的、特定的业务中解放出来，在空闲时提供给其他有需要的用户。这个计划首先在内部实施，得到的回馈相当不错，Amazon 接着便将这个服务开放给外部用户，并命名为 AWS（Amazon Web Service，亚马逊网络服务）。

初期的 AWS 只是一个简单的线上资源库，虽然它依托 Amazon 的品牌光环吸引了不少注意力，但在大多数时候，人们只是将 AWS 当作一个互联网公司吸引眼球的行为。这种情况持续了 3 年左右，直到 Amazon 在 2006 年发布了令 AWS 名声大噪的 EC2。

EC2 是 Elastic Compute Cloud 的缩写，是一款面向公众提供基础架构云服务的产品。简单来说，EC2 在云端模拟了一个计算机运行的基本环境，如果你接触过虚拟机技术，那么 EC2 可以看作一个架构在云端的虚拟机。打个比方，你需要为一个为期三个月的项目搭建一台 Windows Server 2008 服务器，有了 EC2 之后，就不用进行前期繁杂的采购服务器、配置硬件等工作了，只需要向 Amazon 申请一个能够使用 3 个月的账号，然后把 Windows Server 2008 应用上传到 Amazon 的服务器上就完成部署了。Amazon 会提供一个公共网关，通过这个网关可以访问架设在 Amazon 数据中心内的这个 Windows Server 2008 服务器的所有功能。

之所以说 EC2 是一个里程碑式的产品，是因为 EC2 是业界第一个将其基础架构大规模开放给公众用户让其使用的云计算服务。EC2 在 Salesforce.com 之后使得云计算的服务对象有了更多的选择，云计算的用户不需要再拘束于某种特定的软件服务类型上，他们可以在 EC2 的平台上搭建基于 Linux 或者 Windows 操作系统的任何具体的业务。更棒的是，这些业务的体量可大可小，能够随着用户的需求而增减。根据 Amazon 网站上的公开报价显示，如果只是使用一个最简单的 Linux，其价格为每小时 8 美分。

除了 EC2 之外，Amazon 还发布了 S3、SQS 等其他云计算服务，组成了一个完整的 AWS

产品线。如果说 Salesforce.com 是给人们做了云计算的启蒙，那么 Amazon 则用 AWS 引爆了云计算这座火山，云计算从此正式成为 IT 产业的主要部分。

继 Amazon AWS 之后，各种类似的云计算产品开始一个接一个地推出，云计算不再只是一个高端的概念，而是所有人追逐的方向。短短几年内，Amazon 就不再是市场上唯一的 IaaS（Infrastructure as a Service，基础架构即服务，云计算的另一种服务类型）提供商，Microsoft 等巨头纷纷涌进这个领域，如图 6.1 所示。

图 6.1　市场上的主流云服务提供商

除了在数量上的增长，云计算的类型也变得越来越丰富，上面提到的 Salesforce.com 和 Amazon AWS 分别是 SaaS 和 IaaS 这两种云计算服务的具体代表，除此之外，还有第三种服务——PaaS（Platform as a Service，平台即服务），也快速发展起来。2009 年，Google 开始对外提供 Google App Engine 服务。Google App Engine 是一个 PaaS 服务，它搭建了一个完整的 Web 开发环境，用户可以在浏览器里面开发和调试自己的代码，然后直接部署到 Google 的云平台上，并对外发布服务。以 Google App Engine 为代表的 PaaS 服务补齐了云计算的产品版图，从此用户可以在基于云的环境中找到绝大部分计算资源。

6.1.2　云计算的概念及特征

不同人从不同的方面解释了云计算背后的含义，在各方所提出的观点中，CSA（Cloud Security Alliance，云计算安全联盟）在“Security Guidance For Critical Areas Of Focus In Cloud Computing V3.0”中比较准确地说明了这个概念的本质含义：“云计算的本质是一种提供服务的模型，通过这种模型可以随时、随地、按需地通过网络访问共享资源池的资源，这个资源池的内容包括计算资源、网络资源、存储资源等，这些资源能够被动态地分配和调整，在不同用户之间灵活地划分。凡是符合这些特征的 IT 服务，都可以称为云计算服务。”

上面的定义很好地揭示了云计算的本质。为了将这个定义更简便、精确地映射到现实世界中使用的 IT 系统中，美国国家标准与技术研究所 NIST（U.S. National Institute of Standards and Technology）提出了一个标准来定义云计算，即“NIST Working Definition of Cloud Computing/NIST 800–145”。在这个标准中，提出了 5 个基本元素，分别是通过网络分发服务、自助服务、可衡量的服务、资源的灵活调度，以及资源池化。一个标准的云计算必备这 5 个元素。这个标准还提到云计算按照其本身能够提供的服务类型可以分为 3 类，分别是 IaaS、SaaS 和 PaaS，而按照部署模式可以分为 4 种类型，分别是公有云、私有云、混合云和社区云，如图 6.2 所示。

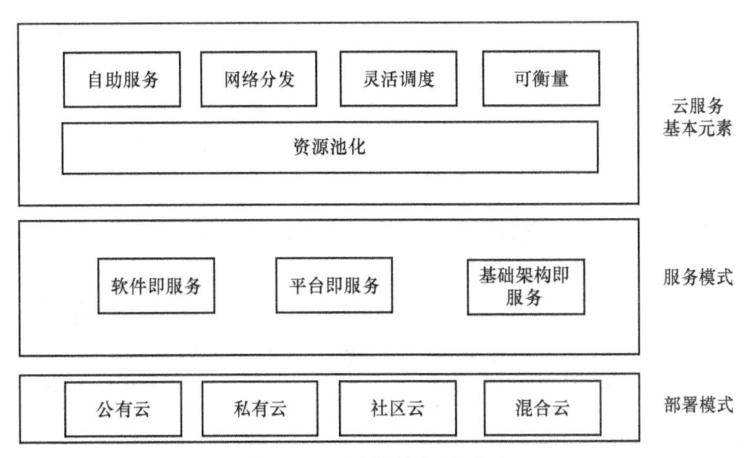

图 6.2　云计算的标准定义

NIST 800–145 被业界普遍接受，其原因是其提出的云计算五大基本要素非常简练地说明了一个云计算系统的特征，而通过这 5 个特征能够快速地将云计算系统与传统 IT 系统区分开来，下面来看看这五大要素的具体内容。

自助式服务：在云计算系统中，用户获取服务大多通过自助的方式。以 WebEx 公司推出的在线会议系统为例，在这个系统中，用户按照流程一步步挑选会议类型、设定参会人数、上传会议资料，一切选择完毕后，确定并提交就可以了。之后 WebEx 的后台服务器便会在之前设定的指定时间将与会人员连接到一个虚拟在线会议室中。云服务提供商并不需要客户来干预中间这些具体细节的实现，用户可以在之前的网页上确定所有需要设定的细节[3]。

自助式的服务方式不仅能够充分发挥云计算后台架构强大的运算能力，通过向用户屏蔽服务背后实现细节，用户还能够获得更加便利、高效的体验，能够更加关注业务本身而不是其技术实现。

通过网络分发服务：在云计算技术出现之前，如果人们需要操作计算机完成某项工作，他们都会购买至少一台计算机。这就是真实情况，因为人们必须在实际中接触到这台计算机，对其进行面对面的操作，才能享受到它提供的服务。于是云计算的第二个重要特征就是要打破这种现实中一一对应的关系，打破这种物理上的桎梏，因为大量的云计算服务都是通过网络来传递的，用户操作使用的计算资源在物理上可以距离很远。

以写书为例，在云计算真正普及后，在理论上并不需要拥有一台配置完备、拥有强大计算能力的 PC 机，只需要在终端 iPad 上登录 Google Docs，就能够进行实时在线写作。通过 Google Docs 来写作，不需要重新购买计算机，不需要再购买 Office 办公软件，只需要一条畅通的网线，然后就可以通过任何带 Web 浏览器的设备进行便捷的工作了。

通过网络分发服务打破了地理位置和硬件部署环境的客观限制，只要有网络，就有计算和存储资源可以使用，从而很大程度上改变了人们对电脑的使用方式。

资源池化：在云计算中，计算资源包括CPU、存储、网络等，有了新的组织结构——资源池。形象上理解，就是所有设备的运算能力都会被放到一个池内，然后再根据需要进行统一分配。云计算打破了服务器机箱的限制，计算资源不再以单台服务器为基本单位，从而能够将所有的计算和存储资源包括CPU和内存等解放出来，汇集到一起，形成一个个所谓的CPU池、网络池、内存池。当用户产生需求时，在这个池中可以提取出相应的资源配置出能够满足需求的组合。

资源的池化使得用户不需要再关心计算资源实际的物理位置和存在形式，不需要对资源的安全和维护操过多的心，IT部门也得以更加灵活地对资源进行配置，从而更好地实现业务需求。

资源的灵活调度：资源的灵活调度是基于资源池化技术的下一步升级。由于计算资源已经被池化，即已经被分成大块资源以供调用，因此，云计算服务提供商可以非常便捷地将新设备添加到这个资源池中，不断地动态改变计算、存储等能力，以满足不断增长的需求。对于用户来说，这种感觉就好像只要提供相应的费用购买服务和资源，就可以即时要求无限制的资源。例如，在WebEx平台上，已经有召开过同时上千人参与的全球视频会议，而WebEx表示这个人数仍然没有达到上限。

可衡量的服务：云计算的最后一个特点是能够对计算资源进行衡量。一个完整完善的云计算服务提供平台会对CPU、存储、网络等资源保持实时的跟踪评估，并将这些信息用可量化的技术指标显示出来。云计算平台运营商或管理企业内部私有云的IT部门，能够基于这些指标快速、及时地对后台资源进行调整和优化，从而提供更为优质的服务。

NIST提出的以上这五点非常形象地提炼出不同云计算的共性，在绝大部分获得成功的云服务身上，都能轻易找到这五点特征。Amazon AWS的EC2就是一个典型的例子，Amazon EC2的服务全部可以在Amazon AWS的网站上自主开通，用户通过网络获取Amazon EC2的后台资源。Amazon EC2有一个完善的后台管理系统，能够在不同的数据中心之间调配资源，满足瞬息万变的用户需求，所有这些，将Amazon EC2塑造成一个优秀的成功的云服务提供商，也帮助我们界定出优秀云计算服务的基本模型。

6.1.3 云计算的分类

在谈论云计算时，PaaS、SaaS和IaaS是常常被提起的热门字眼，它们代表了最基础的云计算服务模式，了解这些模式的特点和区别是进行所有基础架构设计的前提。

虽然云计算的服务模式还在不断进化更新，但目前业界普遍同意将云计算依照其服务的提供方式划分为三个类：IaaS（Infrastructure as a Service，基础架构即服务）、PaaS（Platform as a Service，平台即服务）和SaaS（Software as a Service，软件即服务）。PaaS在IaaS的基础上实现，SaaS的服务层次又以PaaS作为基础实现，这三种服务模式分别面对不同的需求。IaaS为用户提供底层计算资源、存储资源和网络资源，有着较大的自由度；PaaS是指把软件业务运行的环境即中间件服务提供给用户使用；SaaS则是将软件以服务的形式通过网络传递到客户端，用户在客户端通过网络连接使用软件。下面分别看看这三者的详细定义。

IaaS：IaaS通过虚拟化技术将服务器等计算平台与存储和网络资源打包，用户通过供应商提供的API接口对这些资源进行调度。这样用户不需要再自己租用机房，更不需要自己维护烦琐的服务器和交换机而投入更多的时间在业务方面，只需要购买IaaS服务就能够获得服务器的这些资源。Amazon 是目前世界上最大的 IaaS 服务提供商之一，Amazon EC2 不但包括基本的基础架构环境可供用户使用，还通过自身强大的数据中心为用户提供了一定级别的高可用性保障。用户购买 Amazon 的服务后，不用再担心数据中心双活（冗余）、业务数据备份等基础烦琐的工作。

PaaS：PaaS 所面向的预期用户是没有能力或者不愿意维护一个完整运行环境的开发人员和公司单位。直接使用所提供的 PaaS 服务，他们能够从烦琐的环境搭建中解脱出来，将更多的精力投入业务软件的开发中。与 IaaS 相比，PaaS 的优势在于能够提供更加丰富多样的服务类型，因为软件自身就发展出了各种不同的分支，并且 PaaS 可以基于 IaaS 服务搭建，初期的硬件投入比较小，所以提供 PaaS 服务的厂商的数量和种类相较 IaaS 而言也更多，现在比较著名的 PaaS 包括有 Google App Engine 和 Microsoft Azure 等。

SaaS：SaaS 是最成熟、知名度最高的云计算服务类型，它的目标是将一切业务运行的后台程序部分放在云端运行，通过一个瘦客户端，比如一个通用的 Web 浏览器，向用户直接提供服务。用户也是直接向云端请求服务，而用户端无须维护任何基础架构或者软件运行环境。SaaS 和 PaaS 这两种服务模式的最主要的区别在于，使用 SaaS 的不是中间的软件的开发人员，而直接是软件的最终用户。SaaS 诞生多年来，不仅在技术方面发展出了成熟的技术模型，而且在商业市场中也已经是一个经过验证的成功商业模式，比如之前提到过的 Salesforce.com 就是如此，其通过向大企业销售其云端的 CRM 服务，已经发展成一家年收入达到 20 亿美元的上市公司。

此外，NIST 的定义认为，按照云计算的部署模式来划分，云计算可以分为私有云、公有云、混合云与社区云 4 种。

私有云是在企业内部部署的云计算类型，其服务于内部用户，私有云的核心属性是专有资源；社区云是最大的公有云范围内的一个组成部分，是有数个有共同利益关系或目标的企业和组织共同构建的云计算业务，其提供的服务面向这几个组织的内部人员；公有云一般由云服务运营商搭建，面向公众，其一般可通过因特网使用，公有云的核心属性是共享资源服务；混合云则是包含了两种以上类型的云计算形式，是近年来云计算的主要发展模式和发展方向。

6.1.4　云计算的优势

与传统的 IT 架构相比，云计算具有巨大的优势，正是这些优势使得云计算的概念刺激着大众的眼球，让云计算在襁褓阶段就已经声名远播。

低成本：云计算不仅是一个廉价的选择，还能够让使用云计算的用户更灵活地支配他们的预算，以此来进一步节省成本，提高效率，让公司所拥有的 IT 资源随着业务需求的增长而增长、随着业务需求的减少而减少，以避免冗余计算资源的浪费和紧急情况下公司拥有计算资源的不足，这就是云计算优化成本的精髓所在。在一个成熟的云计算环境中，不会出现闲置的计算资源，所有的资源在云计算服务商的统一调配下都会被分配到需要的地方。

可扩展性：一旦将业务放入云计算环境，我们就不用再担心带宽不足或存储空间不够这些曾经需要面对的问题了。通过自助式的服务，用户可以随时随地地添加、减少计算资源，而不需要像传统的方式那样自己管理机房的配置。最重要的是，这种增减底层资源的做法对上层业务的影响被限制在最小的范围内。IT 人员无须关心新设备与老系统的互连，无须关心数据往新存储盘柜的迁移，无须关心原来的配置命令在新的服务器上是否可用，无须关心新网卡的驱动是否正确，所有这些曾经让人头疼的麻烦全都没有了。

高可靠性：专业的云计算服务供应商拥有高等级的机房设施、完备的安全防护和完善的备份机制，每个云计算用户虽然只是用到了这庞大资源池中的一小部分资源，但是得到的安全服务是一致的。所以，云计算的基础设施虽然没有部署在用户眼前，但是在云计算供应商专业的系统和防护下，它能提供的可靠性等级往往比用户自己搭建的机房要高得多。

远程访问：互联网经过十多年的发展，几乎已经遍布了世界的每一个角落，用户只要能够顺利接入网络，就能与网络中可达的另一台或多台计算机进行数据交换，在云计算技术中就能够享受到云计算服务。网络的远程分发能力将极大地改变 IT 服务的提供方式，以往需要将所有人集中到一起举行的会议，现在参会人员可以分散在世界各地，花费在差旅上的时间更少，用于开展业务的时间更多。

模块化：云计算通常以模块化的方式提供服务，即把各个不同的服务功能封装成不同的模块给用户使用。例如，用户可以将邮件、CRM、OFFICE 等多种服务模块进行自由组合，根据用户自身的需求情况在适当的时间选择适当的种类和适当数量的云服务进行使用。

高等级服务：一般来说，在市场上能够对外提供大规模云计算业务的服务商公司都拥有较强的相关技术实力，与普通企业的 IT 部门相比，这些云计算服务商拥有大量经验丰富的技术人才和专家。对于用户来说，只需要很少的费用，就可以享受到以前不可能享受到的专业级服务。

6.2 云与网的关系

前面揭示了云计算的一个重要的基本特性，就是能够通过网络分发服务。本节中，将进入云计算的网络世界，探究网络技术在云计算环境中发挥的作用。

为了便于理解，本节以在云计算环境中至关重要的数据中心为基础，将网络氛围数据中心内的网络和数据中心外的网络两个部分进行描述。本节将重点介绍这种划分的依据、每部分的具体内容及两部分之间的联系。明确地掌握这种划分关系将帮助建立一个清晰的大局观，这对详细了解每项技术所起的作用大有裨益。

6.2.1 以数据中心为界，云计算网络的外延与内涵

在上一节中，已经了解到数据网络对云计算的重要性，用户只有通过网络才能接触到丰富多彩的云服务。网络实际上就是一条连接用户和云计算系统的纽带，它的畅通程度直接决定了最终用户体验的好坏。数据中心是云计算中至关重要的组成部分，托管了云计算中的所有计算资源，用户使用云服务的时候，背后驱动云计算架构的正是数据中心机房内的一台台服务器。因此，本节以数据中心的边缘为界，将网络分为数据中心的外部网络和数据中心的内部网络两部分。

云计算业务对网络的要求在数据中心内外是截然不同的，内部的网络承载的是云计算的核心计算资源，好似连接大脑细胞的神经；而外部网络则将计算行为的结果分发到不同的外部世界，覆盖了更加广泛的区域。

6.2.2 外延——关注用户体验

数据中心的外部网络也就是数据中心出口与最终用户设备之间的网络链路，这条链路的质量直接决定了用户的使用体验。如果一个云计算业务的内部机制非常完美，但是在传递给用户的过程中出现问题，那么之前内部所有精妙的设计都将前功尽弃。

为了提供良好的用户体验，可以从安全、可靠和灵活 3 个方面考虑外部网络的设计[4]。

安全的网络：网络安全是云计算得以存在的根基。用户在使用云计算服务时，不可避免地会将私有数据上传到数据中心内部进行处理。在从用户设备发送到数据中心这一段时间内，用户数据将在公用的网络链路上传输，暴露给所有的互联网用户。当数据中心处理完用户数据后，相应结果中同样包含了用户的个人信息，要将这个结果返还给用户，还要经过这段不安全的链路。另外，接收到这个结果的是用户本人，还是其他冒充身份的黑客，这也是一个问题。因此，保证网络链路的安全，是数据中心外部链路的建设重点之一。

可靠的网络：可靠是数据网络设计的基本原则。当用户选择云服务时，其期望的是云计算能够在运行速度、稳定性等方面提供与本地的软、硬件类似的服务体验。现在非常流行的云点播就是一种对网络可靠性要求非常高的云计算业务，当用户将视频文件上传到云点播服务器上进行解码时，解码完成的图像数据将通过网络传输到用户的电脑屏幕上。如果网络连接很糟糕，得到的将是一帧一帧跳动的画面。

网络可靠性的基础是 QoS（Quality of Service，网络服务质量保证），指的是数据网络中的一种控制机制，根据不同业务数据的优先级有针对性地分配带宽、缓存等网络资源。当网络资源不足时，QoS 可以保证优先级高的数据包得到优先处理，从而使对应的上层业务获得更好的网络服务。

灵活的网络：云计算的一个特点是终端用户的广泛性，使用云服务的用户不再局限在 PC 机前，用户可以用手机登录云服务，用平板电脑登录云服务，而这些新的个人电子设备都是通过无线接入网络的，用户的位置是随时变化的。另外，云计算数据中心通常都基于虚拟化技术搭建，虚拟化的出现使得计算资源不会再像实体机房那样锁死在一个地方，而是在同一机房内不同的机柜，甚至不同的数据中心之间动态转移。由此可见，云计算的用户和计算资源都表现出了极大的移动性，而连接两者的网络就必须在不断移动的情况下，将用户的请求和服务器计算的结果准确地推送到新的位置。

6.2.3 内涵——关注系统效率

如果说数据中心外部的网络关注的是用户体验，那么数据中心内部网络的重点则是系统效率。

数据中心内部的网络，又可以简称为数据中心网络，是近年来发展极为迅猛的一个领域，新标准、新架构、新产品层出不穷。由于云计算在软件层面提出了不少创新，创新的计算行为也产生了新的数据流量模型和机房建设模式。网络作为连接数据中心机房内所有设备的基础平台，也随之发生变化。

这种变化最开始是被动的，但网络的更新逐渐优化了上层业务的行为，反过来成为数据中心变革的一股动力。其中最有代表性的新技术就是 DCB（Data Center Bridge，数据中心以太网标准集）。DCB 是由制定以太网的标准化组织 IEEE（Institute of Electrical and Electronics

Engineers，电气与电子工程师协会）开发的面向下一代数据中心的网络标准，同传统以太网相比，DCB 在可靠性、效率上有了革命性的变化，使得以太网由一个“尽力而为”的网络链路转变为“不会丢包”的可靠网络。在 DCB 的基础上，又产生了将以太网数据和 FC SAN（Fiber Channel Storage Area Network，光纤存储网络）流量合二为一的 FCoE（Fiber Channel over Ethernet，基于以太网的光纤存储网络）技术，这极大地改变了机房布线的方式。除此之外，针对虚拟化环境，数据网络也有不少创新，如新的虚拟接入、虚拟网卡等，这些新技术不仅仅是针对云计算的优化，甚至逐渐开始影响到下一代数据网络的发展方向[5]。

6.2.4 物联网与云计算的融合

物联网的雏形是无线传感网络。美国国防部高级研究所计划署于 1978 年开始资助卡耐基梅隆大学进行分布式传感网络的研究，进而为美国军方提供技术支持。该项目中的分布式传感网络是由特定区域范围内大量带有传感器的传感网节点组成的，这些节点分别采集处理信息，然后通过多跳自组网技术将信息传回中心节点进行协同感知，把监测结果发送给用户[6,7]。

物联网只有与云计算技术相辅相成、融合发展，才有可能快速发展，在生产、生活中大规模应用落地[8]。物联网中大规模异构数据的汇聚、存储、加工，都离不开云计算技术的支撑。海量数据只有依靠云计算技术进行计算分析处理后得到相应的结果，才能实现对感知对象的监测、预测、决策[9]。

云计算是实现物联网的核心，而物联网为云计算提供了广阔的应用平台，云计算与物联网及互联网的智能融合，是实现包括智慧交通、智能电网在内的智慧城市的重要一步。随着 2013 年国家“智慧城市”技术和标准试点城市的确定，智慧城市目前已成为国内城市建设的重点，给国家信息产业发展和经济增长带来了良好的契机。智慧城市的建设从技术发展视角来看，要通过以移动互联网为代表的物联网和云计算等新一代信息技术作为重要基础设施，进而实现全面感知、互联及融合应用。随着智慧城市对物联网、云计算产业的进一步渗透、拉动，两种技术相关应用的快速普及，将促进智慧城市建设提速，带动各方产业稳步发展[10]。

6.3 大数据处理

Big Data 或者称“大数据”，是非常热门的云计算技术。Big Data 的运行模式与传统数据库系统截然不同。当大数据模型中的数据增长到一个量级时，网络在带宽和时延上的表现将变得明显，关注 Big Data 下网络流量的表现，有助于在网络层面为将来云计算服务下的数据爆炸做好准备。

6.3.1 大数据的产生

传统的数据处理模式是集中处理，EMC 和 IBM 这些厂商多年来一直为大型的商业用户提供安全可靠的存储服务，用来存储这些公司庞大的销售数据和人力档案数据。当集中式数据中心需要处理的数据量达到系统所能处理的上限时，提供数据处理服务的厂家便推出新的软硬件让用户升级使用。在过去十多年中，这种模式一直工作得不错[11]。

但随着移动终端与云计算的结合与发展，每一个普通的消费者都开始产生大量的数据，以往的基础架构便渐渐显得力不从心。在今天的环境中，数据的来源急剧扩张，一个手机地图客户端一天可能产生十几次查询，内容涵盖餐馆位置、交通路线、打折信息等，每次查询都在不同地点，每个查询的结果也不尽相同，当数据积累到一个量级，就能表现出一些规律性的行为，并能详尽地描述最终用户的消费习惯，这些规律性的行为对于企业来说便是蕴含了宝藏的金矿。

有一个著名的利用 Big Data 实现消费者商业行为预测的例子，说的是美国零售商 Target 会将大量客户的购物行为加以分析，从而得出不同客户群体的购物习惯，再对每个群体辅之以针对性的广告行销，以促进销售。Target 曾经接到一位父亲的投诉，抗议 Target 最近一再把孕妇幼儿相关产品的广告单寄给她 18 岁的女儿。原来 Target 的 Big Data 系统从这名女孩最近采购的记录中，分析出她的购买行为符合一个孕妇的特征，更令人惊奇的是，这位少女原来真的已经是一位年轻的妈妈。这个结果证实计算机比女孩的父母更早知道这个怀孕的消息。

Big Data 表示的是海量数据，这个级别的数据量是传统数据库系统从来没有处理过的。传统的数据库是为财务和销售人员设计的，销售人员每完成一单生意，数据库便记录相应的销售数据，一家公司即使再庞大，这个数据量也在可控的范围内。但是在 Big Data 时代，数据的来源变得非常广泛，如前所述的手机地图用户，它在一次旅行过程中产生的查询记录也许比一个销售团队一年的销售记录都要多。在这种情况下，即使企业用户愿意付出重金购买最先进的存储盘柜和服务器，这些体积庞大的设备也不一定能跟上数据疯狂增长的速度。Big Data 采用的分布式存储结构如图 6.3 所示。

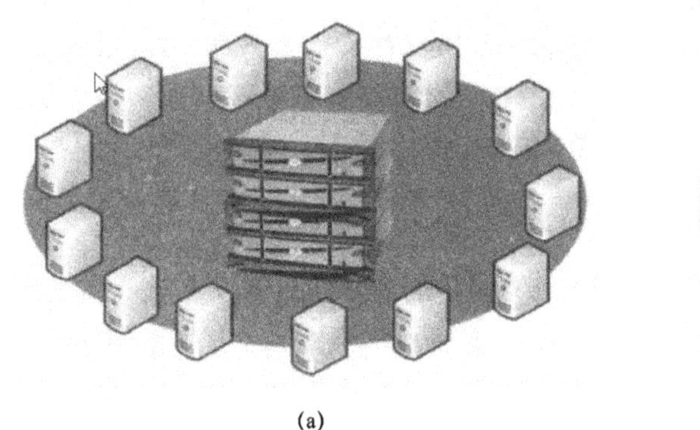

(a)

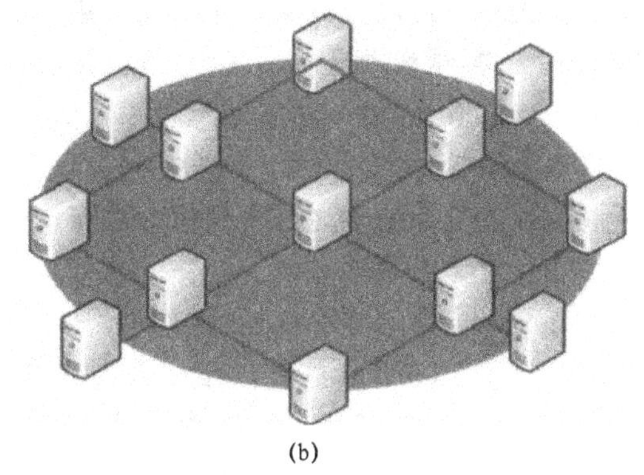

(b)

图 6.3　Big Data 采用的分布式存储结构

（a）集中式的存储架构；（b）数据分散在每台服务器上

另外，这些非结构化数据很难被归纳到传统的结构化数据表项中。某个用户如果总是在咖啡馆“签到”时“@”他的某个好友，就是一条明确有价值的用户行为，但 Oracle 和 IBM 的大型数据库很难通过添加条目来记录这种行为。

一方面是快速变化的需求，另一方面是保持不变，发展缓慢的后台系统，必然有人来打破这个局面，这个破局者就是 Google。

Google 是搜索和社交网络的急先锋。2004 年，Google 发表了一系列重要的论文，详细阐述了它用来承载海量数据的三驾马车的原理，即 Google File System、MapReduce 和 Big Table。这些论文向外界描述并构建了一个由 Google 建立的庞大的分布式数据处理模型。

传统的 IT 建设思路总是建设一个尽可能大的存储系统用于满足不断增长的数据量，再配合最先进的服务器，这些存储和服务器昂贵且精密，搭载了最先进的技术和最可靠的安全机制，它们是 IT 部门的核心资产，核心设备的投资额也决定了整个系统的性能上限。

以 Google 三驾马车为代表的架构提出了一种新的思路，数据不再集中存放在存储盘柜中，而是分割成小块散布在每个计算节点也就是服务器上，数据存储在离计算资源（也就是 CPU）最接近的地方。在这个模型中，存储和计算能力不再集中于一个地方，而是分布在多个服务器上，系统的性能不再由一台核心设备的能力所决定，而是把整个系统的性能分担到各个设备之上，系统的性能是所有设备能力的集合。这种模式就好像一个蚂蚁群落，单台设备的能力和可靠性不再像之前那么重要，协调良好的集群系统能够充分发挥整体的优势，如果其中一个节点出现了问题，其他节点可以迅速承担起相应的责任填补这个空缺。当业务需求增加，也即系统的性能需要有相应的提升时，用户只需要添加相对廉价的 PC 服务器作为新的节点，就可以满足需要，而不是重新构建一个全新的更大的系统，通过这种方式，人们可以将集群扩展到非常大的规模。

云计算提供的分布式系统、并行计算、负载均衡、网络存储、数据挖掘、弹性计算等技术迎合了大数据处理系统对底层计算资源支撑层的需求，让接入的终端设备有可能远程拥有超级计算能力。

6.3.2 Docker 实现虚拟计算/存储资源

云计算框架需要具体的载体来实现虚拟计算、虚拟存储资源。传统的云计算平台或计算机集群大多通过虚拟机实现计算、存储资源的虚拟，但虚拟机启动慢、资源利用率低。最新的 Docker 容器技术基于 LXC（Linux Container）的容器引擎，最大的特点是“BuildOnce, Run Anywhere”，即一次编译，可在多个平台运行。LXC 通过将虚拟机进程伪装为宿主机进程来实现虚拟进程的轻量化调度管理，将虚拟机的操作时间压缩到秒级，运行程序非常迅捷[5]，从而实现快速启动、运行和删除，提高整个物联网弹性数据处理系统的灵活性和响应速度，提高硬件资源的利用率。

Docker 使用 cGroups 对共享资源进行分配、限制、审计和管理，动态管理 Docker 容器分配 CPU、内存等资源的限额。Docker 使用 namespace 隔离宿主机和容器，利用用户命名空间对多租户进行安全隔离，利用程序命名空间来保证容器的程序无法访问程宿主机的资源，利用网络命名空间为容器设置容器的网络环境。

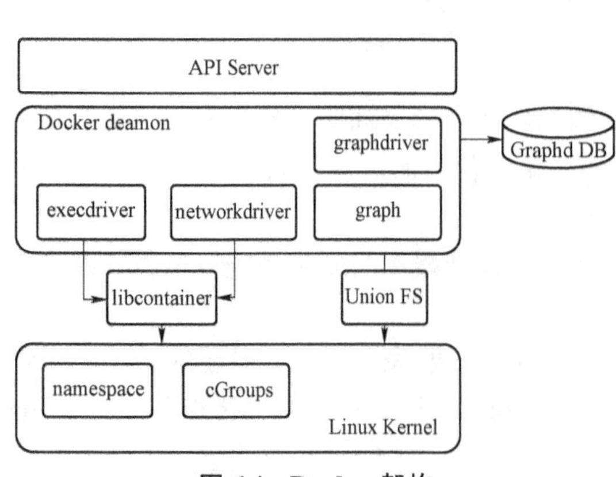

图 6.4　Docker 架构

如图 6.4 所示，Docker 遵循 C/S 架构，由镜像、容器和仓库组成。镜像是一个包含文件系统的只读模板，包含应用及应用所需的运行环境，是构建容器的基础。容器是根据镜像创建的应用实例，为应用提供运行环境，应用运行在容器中。仓库是镜像的集合。

传统虚拟机通过独立运行操作系统，虚拟 CPU、内存、IO 设备等，进行多租户安全隔离。Docker 和虚拟机实现原理不同，其主要利用宿主机的内核进行资源隔离，不需要 Guest OS。新建 Docker 容器时，相当于宿主机启动一个进程，平均只需要秒级时长。而传统虚拟机则像启动一台真实电脑一样，以分钟级别的时长加载一个操作系统，造成时间成本和硬件资源成本的极大浪费。实践证明，一台实体宿主机上能运行成百上千的容器，而虚拟机只有几个。

6.3.3　MapReduce 实现离线数据处理

传统的离线数据处理技术有 SQL、Matlab 和 Python 等。然而，在处理 PB 甚至更高量级的大规模数据时，大部分传统数据处理技术会遇到较大“瓶颈”。传统方法对计算机硬件的要求也会相应提高很多，因此，大规模离线数据处理的最佳实现方式是分布式的，本节主要介绍应用最为广泛的分布式离线数据处理技术 MapReduce。

MapReduce 是用以处理海量数据的并行计算模型，能够充分发挥分布式硬件设备计算、存储能力。MapReduce 可以让用户像使用单台计算机一样编写可以在分布式集群并行运行的算法程序，算法开发人员不需要关心分布式底层实现即可实现大规模数据处理，让数据处理中工程开发和算法开发有了明确的分工[12]。

图 6.5 展示了 MapReduce 工作流程。Map 的工作是将输入文件分割成 M 个片段，不同的机器并行处理 M 个片段。Reduce 过程将中间数据键值对通过分割函数分割成 R 个片段，分割函数及分割的数目由用户自行定义。用户程序调用 MapReduce 函数时，MapReduce 工作流程如下[13,14]：

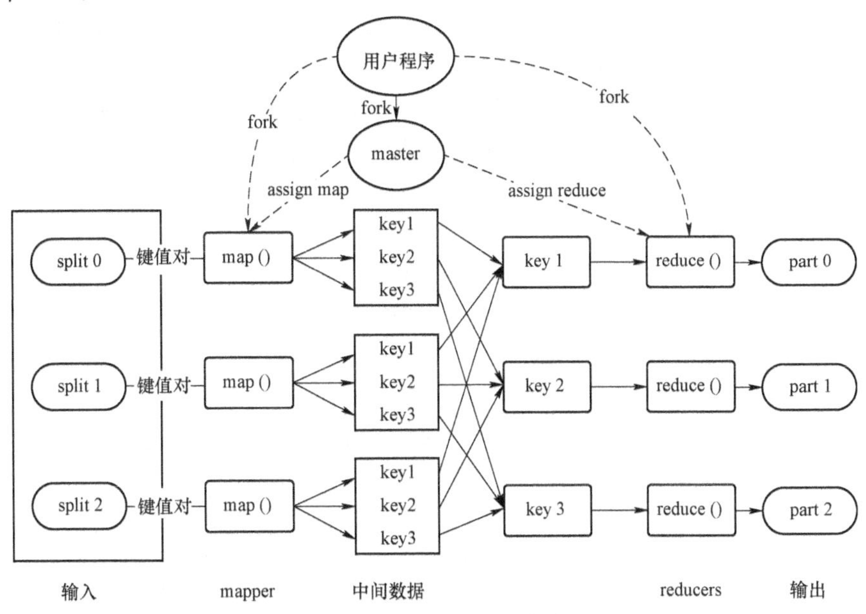

图 6.5　MapReduce 工作流程

① 用户程序中的 MapReduce 库将输入文件分割成 M 个片段，通过可选参数指定片段大小，然后在集群中的计算机上启动许多程序的副本。

② Master 是比较特殊的副本，负责为其他副本选择空闲资源分配任务。Map 和 Reduce 副本负责处理数据。

③ 执行 Map 任务的计算单元读取输入片段，取出键值对，将其传递给用户定义的 Map 函数，其输出的中间数据键值对分布式保存在计算单元缓存中。

④ MapReduce 处理的数据规模一般很大，为避免中间数据键值对占满内存，周期性地将中间数据写入本地磁盘。分界函数将中间数据分成 R 个区域，其磁盘地址通过 Master 传递给 Reduce 单元。

⑤ 当 Reduce 计算单元接到 Master 发来磁盘位置通知时，它将所有分配给它的片段的中间数据键值对读取过来，Reduce 计算单元按照键值进行排序。

⑥ Reduce 遍历排序后的中间键值对，将其传递给用户定义的 Reduce 函数。Reduce 函数的输出追加到相应分区的输出中。

⑦ 所有 Map、Reduce 任务执行完后，Master 唤醒用户程序，调用流程返回到用户程序代码当中，输出 R 个输出文件。

6.3.4 Storm 实现在线数据处理

在物联网数据处理的应用场景中，离线数据处理系统有实时性差、计算速度慢等不足，在有些场合甚至无法适用。物联网数据处理领域有实时性要求高、计算复杂度高和关联性高等特点，在线数据处理的应用场景和需求可能远远大于离线数据处理[15]。目前，主流的分布式实时计算工具主要有 Yahoo S4（Simple Scalable Streaming System）、Spark 和 Strom 等[16]。

S4 数据传输可靠性差，工作时无法动态增加或者减少节点，而 Storm 数据传输较为可靠，可以动态增加或者减少节点。Spark 和 Storm 都采用流计算引擎[17]，但 Storm 在实时处理大量生成的“小数据块”上性能更加优越。Spark 先对流模块数据进行批量汇聚，然后分发[18]。而 Storm 只要接收到数据就实时处理并分发，所以 Strom 的计算时延小，与物联网数据处理的应用需求更加匹配。因此，本节主要介绍 Storm 在线数据处理技术[19]。

作为处理大量流式数据的分布式实时计算系统[20]，Storm 支持多种编程语言，编程模式简单，支持本地开发模式，适合应用于物联网数据在线处理系统中。Storm 在成熟互联网行业的流式数据处理领域应用非常广泛，目前主要有两个实现版本：一个是用 Clojure 语言实现的官方版本[21]，另一个是阿里云计算团队用 Java 重新实现并改进的版本，但其基本原理一致。Storm 总体架构如图 6.6 所示，Storm 集群里有两种节点：控制节点、工作节点。控制节点上运行着后台程序 Nimbus，负责接收并分发代码，给工作节点分派任务并监控其工作状态。工作节点上运行 Supervisor，其下有多个工作进程 Worker，一个 Worker 又可以执行多个任务。Supervisor 监听任务分配情况，并实时调整工作进程[22]。Zookeeper 集群完成 Nimbus 和各个 Supervisor 之间的通信。

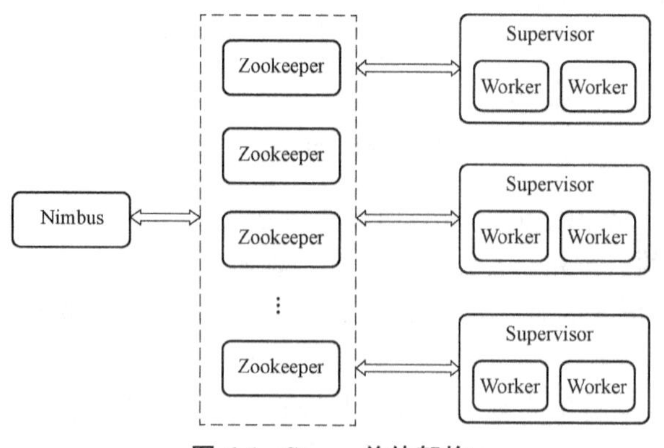

图 6.6 Storm 总体架构

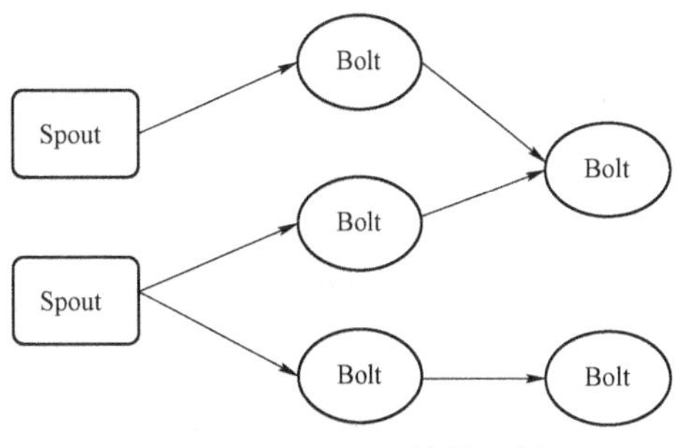

图 6.7 Topology 结构示例

Topology 是在 Storm 上运行的用户开发的算法任务。流式数据处理的特点是输入会一直持续，随时可能产生，所以它会一直运行下去，除非手动杀死任务或运行崩溃。每个任务 Topology 主要由 Spouts 和 Bolts 组成。其中 Spouts 是消息生产者，它从 Kafka、Redis 等外部媒体实时接收数据，在本物联网云服务平台则主要是从 M2M 即时通信系统接收。Spout 接收到消息后，将其发送给后方节点，Bolts 中运行着相应流程阶段的数据处理算法。图 6.7 是一个简单的 Topology 结构，其中 Spout 或 Bolt 节点展示面积越大，表示其处理的数据量越多，算法开发者可以根据算法运行中的实际反馈动态调整不同逻辑 Spout 和 Bolt 的节点数和并行进程数，从而让整体计算资源协同发挥出最大数据处理效率。

参 考 文 献

[1] 杨泽明. 云计算技术发展及新思路探析[J]. 电脑知识与技术，2014，(31)：7300–7301.

[2] 唐维维. 基于云计算的区域医疗信息数据共享平台的设计与实现[D]. 北京：中国人民解放军医学院，2015.

[3] 陈新芳. 基于云计算的移动学习应用探究[J]. 吉林广播电视大学学报，2015，(06)：47–48.

[4] 杨华辉. 分布式日志系统的设计与实现[D]. 北京：北京邮电大学，2015.

[5] Bernstein David. Containers and Cloud:From LXC to Docker to Kubernetes[J]. IEEE Cloud Computing, 2014, 1(3): 81–84.

[6] Fang Shifeng, Li Da Xu, Zhu Yunqiang, et al. An Integrated System for Regional Environmental Monitoring and Management Based on Internet of Things[J]. IEEE Transactions on Industrial Informatics, 2014, 10(2): 1596–1605.

[7] 高得起. 云上的日子——云计算发展状况及前景展望[J]. 中国建设信息化，2015（17）：90–93.

[8] Fortino Giancarlo, Parisi Daniele, Pirrone Vincenzo, et al. BodyCloud:A SaaS approach for community Body Sensor Networks[J]. Future Generation Computer Systems, 2014, 35(3): 62–79.

[9] Gubbi Jayavardhana, Buyya Rajkumar, Marusic Slaven, et al. Internet of Things(IoT): A Vision, Architectural Elements, and Future Directions[J]. Future Generation Computer Systems, 2012, 29(7): 1645–1660.

[10] Botta Alessio, De Donato Walter, Persico Valerio, et al. Integration of Cloud computing and Internet of Things[J]. Future Generation Computer Systems, 2015, 56(C): 684–700.

[11] 浙江大学 SEL 实验室. Docker——容器与容器云[M]. 北京：人民邮电出版社，2015：32–40.

[12] 王润民. 基于云计算的物联网支撑系统关键技术研究[D]. 重庆：重庆邮电大学，2012.

[13] Zhang Xiao, Wu Yanjun, Zhao Chen. MrHeter:improving MapReduce performance in heterogeneous environments[J]. Cluster Computing, 2016, 19(4): 1691–1701.

[14] 王凯，吴泉源，杨树强. 一种多用户 MapReduce 集群的作业调度算法的设计与实现[J]. 计算机与现代化，2010（10）：23–28.

[15] Dong Guozhu, Han Jiawei, Lakshmanan Laks V S, et al. Online mining of changes from data streams: Research problems and preliminary results[J]. Proceedings of the Acm Sigmod Workshop on Management & Processing of Data Streams, 2003: 1306–1314.

[16] Alsheikh Mohammad Abu, Niyato Dusit, Lin Shaowei, et al. Mobile big data analytics using deep learning and apache spark[J]. IEEE Network, 2016, 30(3): 22–29.

[17] Yang W，Liu X, Zhang L, et al. Big data real-time processing based on storm[C]. 2013 12th IEEE International Conference on Trust, Security and Privacy in Computing and Communications IEEE, 2013: 1784–1787.

[18] Zadeh Reza Bosagh, Meng Xiangrui, Yavuz Burak, et al. MLlib: Machine Learning in Apache Spark[J]. Computer Science, 2015：15–18.

[19] 戴菲. 基于 Storm 的实时计算系统的研究与实现[D]. 西安：西安电子科技大学，2014.

[20] Iqbal Muhammad Hussain, Soomro Tariq Rahim. Big Data Analysis:Apache Storm Perspective[J]. International Journal of Computer Trends & Technology, 2015, 19(1): 9–14.

[21] Hamstra Mark Zaharia Matei, Media O'Reilly. Learning Spark:Lightning–Fast Big Data Analytics[J]. Oreilly & Associates Inc, 2015: 76–83.

[22] 王晓鹏，李明. Storm 源码分析[M]. 北京：人民邮电出版社，2014：47–58.

附　　录

1. Bp-Net 实验

```
Trains a simple deep NN on the MNIST dataset.

Gets to 98.40% test accuracy after 20 epochs
(there is *a lot* of margin for parameter tuning).
2 seconds per epoch on a K520 GPU.

from __future__ import print_function

import keras
from keras.datasets import mnist
from keras.models import Sequential
from keras.layers import Dense, Dropout
from keras.optimizers import RMSprop

batch_size = 128
num_classes = 10
epochs = 20

# the data, shuffled and split between train and test sets
(x_train, y_train), (x_test, y_test) = mnist.load_data()

x_train = x_train.reshape(60000, 784)
x_test = x_test.reshape(10000, 784)
x_train = x_train.astype('float32')
x_test = x_test.astype('float32')
x_train /= 255
x_test /= 255
print(x_train.shape[0], 'train samples')
print(x_test.shape[0], 'test samples')

# convert class vectors to binary class matrices
```

```
y_train = keras.utils.to_categorical(y_train, num_classes)
y_test = keras.utils.to_categorical(y_test, num_classes)

model = Sequential()
model.add(Dense(512, activation='relu', input_shape=(784,)))
model.add(Dropout(0.2))
model.add(Dense(512, activation='relu'))
model.add(Dropout(0.2))
model.add(Dense(num_classes, activation='softmax'))

model.summary()

model.compile(loss='categorical_crossentropy',
            optimizer=RMSprop(),
            metrics=['accuracy'])

history = model.fit(x_train, y_train,
                    batch_size=batch_size,
                    epochs=epochs,
                    verbose=1,
                    validation_data=(x_test, y_test))
score = model.evaluate(x_test, y_test, verbose=0)
print('Test loss:', score[0])
print('Test accuracy:', score[1])
```

2. Perceptron 实验

```
import numpy as np
from sklearn.datasets import make_classification
from sklearn.linear_model import Perceptron
from matplotlib import pyplot as plt
x,y = make_classification(n_samples=500,n_features=2,n_redundant=0,n_informative=2,
                          n_clusters_per_class=1)
x_train=x[:400,:]
y_train=y[:400]
x_test=x[400:,:]
y_test=y[400:]
model=Perceptron(fit_intercept=False,n_iter=20,shuffle=True)
model.fit(x_train,y_train)
acc=model.score(x_test,y_test)
```

```
print (acc)

plt.figure()
plt.scatter(x[:,0],x[:,1],c=y)
# plt.scatter(negetive_x1,negetive_2,c='blue')
line_x = np.arange(-4,4)
line_y = line_x * (-model.coef_[0][0] / model.coef_[0][1]) - model.intercept_
plt.plot(line_x,line_y)
plt.show()
```

3. RBM 实验

```
from __future__ import print_function

print(__doc__)

# Authors: Yann N. Dauphin, Vlad Niculae, Gabriel Synnaeve
# License: BSD

import numpy as np
import matplotlib.pyplot as plt

from scipy.ndimage import convolve
from sklearn import linear_model, datasets, metrics
from sklearn.model_selection import train_test_split
from sklearn.neural_network import BernoulliRBM
from sklearn.pipeline import Pipeline


#
################################################################################
# Setting up

def nudge_dataset(X, Y):
    """
    This produces a dataset 5 times bigger than the original one,
    by moving the 8x8 images in X around by 1px to left, right, down, up
    """
    direction_vectors = [
        [[0, 1, 0],
```

```
         [0, 0, 0],
         [0, 0, 0]],

        [[0, 0, 0],
         [1, 0, 0],
         [0, 0, 0]],

        [[0, 0, 0],
         [0, 0, 1],
         [0, 0, 0]],

        [[0, 0, 0],
         [0, 0, 0],
         [0, 1, 0]]]

    shift = lambda x, w: convolve(x.reshape((8, 8)), mode='constant',
                                  weights=w).ravel()
    X = np.concatenate([X] +
                       [np.apply_along_axis(shift, 1, X, vector)
                        for vector in direction_vectors])
    Y = np.concatenate([Y for _ in range(5)], axis=0)
    return X, Y

# Load Data
digits = datasets.load_digits()
X = np.asarray(digits.data, 'float32')
X, Y = nudge_dataset(X, digits.target)
X = (X - np.min(X, 0)) / (np.max(X, 0) + 0.0001)  # 0-1 scaling

X_train, X_test, Y_train, Y_test = train_test_split(X, Y,
                                                    test_size=0.2,
                                                    random_state=0)

# Models we will use
logistic = linear_model.LogisticRegression()
rbm = BernoulliRBM(random_state=0, verbose=True)

classifier = Pipeline(steps=[('rbm', rbm), ('logistic', logistic)])
```

```
    #
#############################################################################
    # Training

    # Hyper-parameters. These were set by cross-validation,
    # using a GridSearchCV. Here we are not performing cross-validation to
    # save time.
    rbm.learning_rate = 0.06
    rbm.n_iter = 20
    # More components tend to give better prediction performance, but larger
    # fitting time
    rbm.n_components = 100
    logistic.C = 6000.0

    # Training RBM-Logistic Pipeline
    classifier.fit(X_train, Y_train)

    # Training Logistic regression
    logistic_classifier = linear_model.LogisticRegression(C=100.0)
    logistic_classifier.fit(X_train, Y_train)

    #
#############################################################################
    # Evaluation

    print()
    print("Logistic regression using RBM features:\n%s\n" % (
        metrics.classification_report(
            Y_test,
            classifier.predict(X_test))))

    print("Logistic regression using raw pixel features:\n%s\n" % (
        metrics.classification_report(
            Y_test,
            logistic_classifier.predict(X_test))))

    #
#############################################################################
    # Plotting
```

```
plt.figure(figsize=(4.2, 4))
for i, comp in enumerate(rbm.components_):
    plt.subplot(10, 10, i + 1)
    plt.imshow(comp.reshape((8, 8)), cmap=plt.cm.gray_r,
               interpolation='nearest')
    plt.xticks(())
    plt.yticks(())
plt.suptitle('100 components extracted by RBM', fontsize=16)
plt.subplots_adjust(0.08, 0.02, 0.92, 0.85, 0.08, 0.23)

plt.show()
```

4. RNN 实验

```
# -*- coding: utf-8 -*-
'''An implementation of sequence to sequence learning for performing addition
Input: "535+61"
Output: "596"
Padding is handled by using a repeated sentinel character (space)

Input may optionally be inverted, shown to increase performance in many tasks in:
"Learning to Execute"
http://arxiv.org/abs/1410.4615
and
"Sequence to Sequence Learning with Neural Networks"
http://papers.nips.cc/paper/5346-sequence-to-sequence-learning-with-neura
l-networks.pdf
Theoretically it introduces shorter term dependencies between source and target.

Two digits inverted:
+ One layer LSTM (128 HN), 5k training examples = 99% train/test accuracy in 55 epochs

Three digits inverted:
+ One layer LSTM (128 HN), 50k training examples = 99% train/test accuracy in 100 epochs

Four digits inverted:
+ One layer LSTM (128 HN), 400k training examples = 99% train/test accuracy in 20 epochs

Five digits inverted:
```

```
+ One layer LSTM (128 HN), 550k training examples = 99% train/test accuracy in 30 epochs
'''

from __future__ import print_function
from keras.models import Sequential
from keras import layers
import numpy as np
from six.moves import range


class CharacterTable(object):
    """Given a set of characters:
    + Encode them to a one hot integer representation
    + Decode the one hot integer representation to their character output
    + Decode a vector of probabilities to their character output
    """
    def __init__(self, chars):
        """Initialize character table.

        # Arguments
            chars: Characters that can appear in the input.
        """
        self.chars = sorted(set(chars))
        self.char_indices = dict((c, i) for i, c in enumerate(self.chars))
        self.indices_char = dict((i, c) for i, c in enumerate(self.chars))

    def encode(self, C, num_rows):
        """One hot encode given string C.

        # Arguments
            num_rows: Number of rows in the returned one hot encoding. This is
                used to keep the # of rows for each data the same.
        """
        x = np.zeros((num_rows, len(self.chars)))
        for i, c in enumerate(C):
            x[i, self.char_indices[c]] = 1
        return x

    def decode(self, x, calc_argmax=True):
```

```
        if calc_argmax:
            x = x.argmax(axis=-1)
        return ''.join(self.indices_char[x] for x in x)


class colors:
    ok = '\033[92m'
    fail = '\033[91m'
    close = '\033[0m'

# Parameters for the model and dataset.
TRAINING_SIZE = 50000
DIGITS = 3
INVERT = True

# Maximum length of input is 'int + int' (e.g., '345+678'). Maximum length of
# int is DIGITS.
MAXLEN = DIGITS + 1 + DIGITS

# All the numbers, plus sign and space for padding.
chars = '0123456789+ '
ctable = CharacterTable(chars)

questions = []
expected = []
seen = set()
print('Generating data...')
while len(questions) < TRAINING_SIZE:
    f = lambda: int(''.join(np.random.choice(list('0123456789'))
                    for i in range(np.random.randint(1, DIGITS + 1))))
    a, b = f(), f()
    # Skip any addition questions we've already seen
    # Also skip any such that x+Y == Y+x (hence the sorting).
    key = tuple(sorted((a, b)))
    if key in seen:
        continue
    seen.add(key)
    # Pad the data with spaces such that it is always MAXLEN.
    q = '{}+{}'.format(a, b)
```

```
    query = q + ' ' * (MAXLEN - len(q))
    ans = str(a + b)
    # Answers can be of maximum size DIGITS + 1.
    ans += ' ' * (DIGITS + 1 - len(ans))
    if INVERT:
        # Reverse the query, e.g., '12+345  ' becomes '  543+21'. (Note the
        # space used for padding.)
        query = query[::-1]
    questions.append(query)
    expected.append(ans)
print('Total addition questions:', len(questions))

print('Vectorization...')
x = np.zeros((len(questions), MAXLEN, len(chars)), dtype=np.bool)
y = np.zeros((len(questions), DIGITS + 1, len(chars)), dtype=np.bool)
for i, sentence in enumerate(questions):
    x[i] = ctable.encode(sentence, MAXLEN)
for i, sentence in enumerate(expected):
    y[i] = ctable.encode(sentence, DIGITS + 1)

# Shuffle (x, y) in unison as the later parts of x will almost all be larger
# digits.
indices = np.arange(len(y))
np.random.shuffle(indices)
x = x[indices]
y = y[indices]

# Explicitly set apart 10% for validation data that we never train over.
split_at = len(x) - len(x) // 10
(x_train, x_val) = x[:split_at], x[split_at:]
(y_train, y_val) = y[:split_at], y[split_at:]

print('Training Data:')
print(x_train.shape)
print(y_train.shape)

print('Validation Data:')
print(x_val.shape)
print(y_val.shape)
```

```
# Try replacing GRU, or SimpleRNN.
RNN = layers.LSTM
HIDDEN_SIZE = 128
BATCH_SIZE = 128
LAYERS = 1

print('Build model...')
model = Sequential()
# "Encode" the input sequence using an RNN, producing an output of HIDDEN_SIZE.
# Note: In a situation where your input sequences have a variable length,
# use input_shape=(None, num_feature).
model.add(RNN(HIDDEN_SIZE, input_shape=(MAXLEN, len(chars))))
# As the decoder RNN's input, repeatedly provide with the last hidden state of
# RNN for each time step. Repeat 'DIGITS + 1' times as that's the maximum
# length of output, e.g., when DIGITS=3, max output is 999+999=1998.
model.add(layers.RepeatVector(DIGITS + 1))
# The decoder RNN could be multiple layers stacked or a single layer.
for _ in range(LAYERS):
    # By setting return_sequences to True, return not only the last output but
    # all the outputs so far in the form of (num_samples, timesteps,
    # output_dim). This is necessary as TimeDistributed in the below expects
    # the first dimension to be the timesteps.
    model.add(RNN(HIDDEN_SIZE, return_sequences=True))

# Apply a dense layer to the every temporal slice of an input. For each of step
# of the output sequence, decide which character should be chosen.
model.add(layers.TimeDistributed(layers.Dense(len(chars))))
model.add(layers.Activation('softmax'))
model.compile(loss='categorical_crossentropy',
              optimizer='adam',
              metrics=['accuracy'])
model.summary()

# Train the model each generation and show predictions against the validation
# dataset.
for iteration in range(1, 200):
    print()
    print('-' * 50)
```

```
    print('Iteration', iteration)
    model.fit(x_train, y_train,
              batch_size=BATCH_SIZE,
              epochs=1,
              validation_data=(x_val, y_val))
    # Select 10 samples from the validation set at random so we can visualize
    # errors.
    for i in range(10):
        ind = np.random.randint(0, len(x_val))
        rowx, rowy = x_val[np.array([ind])], y_val[np.array([ind])]
        preds = model.predict_classes(rowx, verbose=0)
        q = ctable.decode(rowx[0])
        correct = ctable.decode(rowy[0])
        guess = ctable.decode(preds[0], calc_argmax=False)
        print('Q', q[::-1] if INVERT else q)
        print('T', correct)
        if correct == guess:
            print(colors.ok + '鉓? + colors.close, end=" ")
        else:
            print(colors.fail + '鉓? + colors.close, end=" ")
        print(guess)
        print('---')
```

5. GAN 实验

```
from __future__ import print_function

from keras.datasets import mnist
from keras.layers import Input, Dense, Reshape, Flatten, Dropout, multiply
from keras.layers import BatchNormalization, Activation, Embedding, ZeroPadding2D
from keras.layers.advanced_activations import LeakyReLU
from keras.layers.convolutional import UpSampling2D, Conv2D
from keras.models import Sequential, Model
from keras.optimizers import Adam

import matplotlib.pyplot as plt

import numpy as np

class ACGAN():
```

```
def __init__(self):
    self.img_rows = 28
    self.img_cols = 28
    self.channels = 1
    self.num_classes = 10

    optimizer = Adam(0.0002, 0.5)
    losses = ['binary_crossentropy', 'sparse_categorical_crossentropy']

    # Build and compile the discriminator
    self.discriminator = self.build_discriminator()
    self.discriminator.compile(loss=losses,
        optimizer=optimizer,
        metrics=['accuracy'])

    # Build and compile the generator
    self.generator = self.build_generator()
    self.generator.compile(loss=['binary_crossentropy'],
        optimizer=optimizer)

    # The generator takes noise and the target label as input
    # and generates the corresponding digit of that label
    noise = Input(shape=(100,))
    label = Input(shape=(1,))
    img = self.generator([noise, label])

    # For the combined model we will only train the generator
    self.discriminator.trainable = False

    # The discriminator takes generated image as input and determines validity
    # and the label of that image
    valid, target_label = self.discriminator(img)

    # The combined model  (stacked generator and discriminator) takes
    # noise as input => generates images => determines validity
    self.combined = Model([noise, label], [valid, target_label])
    self.combined.compile(loss=losses,
        optimizer=optimizer)
```

```
    def build_generator(self):

        model = Sequential()

        model.add(Dense(128 * 7 * 7, activation="relu", input_dim=100))
        model.add(Reshape((7, 7, 128)))
        model.add(BatchNormalization(momentum=0.8))
        model.add(UpSampling2D())
        model.add(Conv2D(128, kernel_size=3, padding="same"))
        model.add(Activation("relu"))
        model.add(BatchNormalization(momentum=0.8))
        model.add(UpSampling2D())
        model.add(Conv2D(64, kernel_size=3, padding="same"))
        model.add(Activation("relu"))
        model.add(BatchNormalization(momentum=0.8))
        model.add(Conv2D(self.channels, kernel_size=3, padding='same'))
        model.add(Activation("tanh"))

        model.summary()

        noise = Input(shape=(100,))
        label = Input(shape=(1,), dtype='int32')

        label_embedding = Flatten()(Embedding(self.num_classes, 100)(label))

        input = multiply([noise, label_embedding])

        img = model(input)

        return Model([noise, label], img)

    def build_discriminator(self):

        img_shape = (self.img_rows, self.img_cols, self.channels)

        model = Sequential()

        model.add(Conv2D(16, kernel_size=3, strides=2, input_shape=img_shape,
padding="same"))
```

```
        model.add(LeakyReLU(alpha=0.2))
        model.add(Dropout(0.25))
        model.add(Conv2D(32, kernel_size=3, strides=2, padding="same"))
        model.add(ZeroPadding2D(padding=((0,1),(0,1))))
        model.add(LeakyReLU(alpha=0.2))
        model.add(Dropout(0.25))
        model.add(BatchNormalization(momentum=0.8))
        model.add(Conv2D(64, kernel_size=3, strides=2, padding="same"))
        model.add(LeakyReLU(alpha=0.2))
        model.add(Dropout(0.25))
        model.add(BatchNormalization(momentum=0.8))
        model.add(Conv2D(128, kernel_size=3, strides=1, padding="same"))
        model.add(LeakyReLU(alpha=0.2))
        model.add(Dropout(0.25))

        model.add(Flatten())
        model.summary()

        img = Input(shape=img_shape)

        features = model(img)

        validity = Dense(1, activation="sigmoid")(features)
        label = Dense(self.num_classes+1, activation="softmax")(features)

        return Model(img, [validity, label])

    def train(self, epochs, batch_size=128, save_interval=50):

        # Load the dataset
        (X_train, y_train), (_, _) = mnist.load_data()

        # Rescale -1 to 1
        X_train = (X_train.astype(np.float32) - 127.5) / 127.5
        X_train = np.expand_dims(X_train, axis=3)
        y_train = y_train.reshape(-1, 1)

        half_batch = int(batch_size / 2)
```

```
        # Class weights:
        # To balance the difference in occurences of digit class labels.
        # 50% of labels that the discriminator trains on are 'fake'.
        # Weight = 1 / frequency
        cw1 = {0: 1, 1: 1}
        cw2 = {i: self.num_classes / half_batch for i in range(self.num_classes)}
        cw2[self.num_classes] = 1 / half_batch
        class_weights = [cw1, cw2]

        for epoch in range(epochs):

            # ---------------------
            #  Train Discriminator
            # ---------------------

            # Select a random half batch of images
            idx = np.random.randint(0, X_train.shape[0], half_batch)
            imgs = X_train[idx]

            noise = np.random.normal(0, 1, (half_batch, 100))
            # The labels of the digits that the generator tries to create and
            # image representation of
            sampled_labels = np.random.randint(0, 10, half_batch).reshape(-1, 1)

            # Generate a half batch of new images
            gen_imgs = self.generator.predict([noise, sampled_labels])

            valid = np.ones((half_batch, 1))
            fake = np.zeros((half_batch, 1))

            # Image labels. 0-9 if image is valid or 10 if it is generated (fake)
            img_labels = y_train[idx]
            fake_labels = 10 * np.ones(half_batch).reshape(-1, 1)

            # Train the discriminator
            d_loss_real = self.discriminator.train_on_batch(imgs, [valid,
img_labels], class_weight=class_weights)
            d_loss_fake = self.discriminator.train_on_batch(gen_imgs, [fake,
fake_labels], class_weight=class_weights)
```

```
            d_loss = 0.5 * np.add(d_loss_real, d_loss_fake)

            # ---------------------
            #  Train Generator
            # ---------------------

            noise = np.random.normal(0, 1, (batch_size, 100))

            valid = np.ones((batch_size, 1))
            # Generator wants discriminator to label the generated images as
the intended
            # digits
            sampled_labels = np.random.randint(0, 10, batch_size).reshape(-1, 1)

            # Train the generator
            g_loss = self.combined.train_on_batch([noise, sampled_labels],
[valid, sampled_labels], class_weight=class_weights)

            # Plot the progress
            if epoch % save_interval == 0:
                print ("%d [D loss: %f, acc.: %.2f%%, op_acc: %.2f%%] [G
loss: %f]" % (epoch, d_loss[0], 100*d_loss[3], 100*d_loss[4], g_loss[0]))

            # If at save interval => save generated image samples
            if epoch % save_interval == 0:
                self.save_model()
                self.save_imgs(epoch)

    def save_imgs(self, epoch):
        r, c = 2, 5
        noise = np.random.normal(0, 1, (r * c, 100))
        #sampled_labels = np.arange(0, 10).reshape(-1, 1)
        sampled_labels = 3 * np.ones((10, 1))

        gen_imgs = self.generator.predict([noise, sampled_labels])

        # Rescale images 0 - 1
        gen_imgs = 0.5 * gen_imgs + 0.5
```

```
        fig, axs = plt.subplots(r, c)
        fig.suptitle("ACGAN: Generated digits", fontsize=12)
        cnt = 0
        for i in range(r):
            for j in range(c):
                axs[i,j].imshow(gen_imgs[cnt,:,:,0], cmap='gray')
                axs[i,j].set_title("Digit: %d" % sampled_labels[cnt])
                axs[i,j].axis('off')
                cnt += 1
        fig.savefig("acgan-labels/images/mnist_%d.png" % epoch)
        plt.close()

    def save_model(self):

        def save(model, model_name):
            model_path = "acgan/saved_model/%s.json" % model_name
            weights_path = "acgan/saved_model/%s_weights.hdf5" % model_name
            options = {"file_arch": model_path,
                        "file_weight": weights_path}
            json_string = model.to_json()
            open(options['file_arch'], 'w').write(json_string)
            model.save_weights(options['file_weight'])

        save(self.generator, "mnist_acgan_generator")
        save(self.discriminator, "mnist_acgan_discriminator")
        save(self.combined, "mnist_acgan_adversarial")


if __name__ == '__main__':
    acgan = ACGAN()
    acgan.train(epochs=6001, batch_size=32, save_interval=100)
```